线性代数三大计算

主编 杨超 王冰岩 彭星

苏州大学出版社
Soochow University Press

图书在版编目(CIP)数据

线性代数三大计算 / 杨超，王冰岩，彭星主编. --
苏州：苏州大学出版社，2024.2
ISBN 978-7-5672-4744-4

Ⅰ.①线… Ⅱ.①杨… ②王… ③彭… Ⅲ.①线性代数－研究生－入学考试－自学参考资料 Ⅳ.①O151.2

中国国家版本馆 CIP 数据核字(2024)第 047039 号

书　　名：线性代数三大计算
XIANXING DAISHU SAN DA JISUAN

主　　编：杨　超　王冰岩　彭　星
责任编辑：吴昌兴
装帧设计：宁培亮　吴　钰

出版发行：苏州大学出版社(Soochow University Press)
社　　址：苏州市十梓街 1 号　**邮编**：215006
印　　刷：杭州宏雅印刷有限公司
邮购热线：0512－67480030
销售热线：0512－67481020

开　　本：787 mm×1 092 mm　1/16　**印张**：8.25　**字数**：186 千
版　　次：2024 年 2 月第 1 版
印　　次：2024 年 2 月第 1 次印刷
书　　号：ISBN 978-7-5672-4744-4
定　　价：39.90 元

苏州大学出版社营销部　电话：0512－67481020
苏州大学出版社网址　http://www.sudapress.com
苏州大学出版社邮箱　sdcbs@suda.edu.cn

前言

从历年全国硕士研究生招生考试的情况看，很多考生没有完全掌握线性代数的基本原理及基本算法．线性代数的基本功就是掌握三大计算：求行列式、做矩阵的初等变换、求特征值与特征向量．根据编者多年的教学经验，普通考生需要花费大量时间才能大致掌握这三个极其重要的计算，而考生在复习初期常常找不到合适的学习教材．

为了帮助学生解决上面的问题，能够高效复习线性代数，编者为大家提供这本《线性代数三大计算》．本书在写作过程中充分考虑到考生的需求和线性代数的学习效果，按照线性代数计算需要，从三条主线入手进行系统总结，展开分析．第一条主线是行列式，不仅要掌握行列式逆序及展开定义，也要灵活处理总结的各种特殊行列式及其算法；第二条主线是初等变换，例如矩阵的秩、逆矩阵、线性方程组都会用到矩阵的初等变换；第三条主线是特征值与特征向量，其具体的求解方法是学习矩阵对角化理论的重要工具．

本书每一章都按照体系给出需要掌握的基本定义、基本性质、基本算法，特别注重计算类型和方法的总结．习题分为基础训练和强化训练两部分，按照题型进行分类概括，给出了规范、详尽的解答，力求简明扼要．有些题目给出了多种解法，并在关键的算法过程中进行了说明注解，这样有助于相应部分内容的训练和掌握，同时有助于考生理解各个内容之间的本质联系．

为了更好地给考生打好基础，我们编写了线性代数系列辅导丛书，丛书包括《线性代数三大计算》《线性代数基础强化教材》《考研数学必做习题库（线性代数篇）》．意在让大家先通过三大计算打牢线性代数的计算基本功，再由基础强化教材系统学习线性代数的基本概念、基本理论和基本方法，最后根据习题库的训练，进一步提高大家分析问题和解决问题的能力.

我们希望考生通过对本书的参考和学习，可以提高线性代数的基本计算能力，打下坚实的计算理论基础，增强学好线性代数这门课程的信心和兴趣. 计算种类和方法是多样的，希望学生深入研究，独立思考，对习题做出更多有见解的解答.

本书仍有需要改进和提高之处，恳请各位读者提出宝贵的批评和建议.

最后，祝福所有为了梦想而努力拼搏的考研学子们，祝大家考研成功！

编　者

2024 年 1 月

目录

第1章 行列式

§1.1 行列式入门

行列式的计算既是线性代数的“敲门砖”,也是贯穿线性代数始终的一个重要工具,要想走进线性代数的缤纷世界,摆在我们面前的第一个问题,就是如何计算一个具体的行列式.行列式是一种由一些数字按照行数和列数相同的矩阵方式构成的运算形式.本章主要介绍 n 阶行列式的性质与计算.

1 二阶与三阶行列式

我们先看一个式子

$$D_2=\begin{vmatrix} a_{11} & a_{12} \\ a_{21} & a_{22} \end{vmatrix},$$

将其称为二阶行列式,其中 a_{ij} 的第一个下标 i 表示此元素所在的行数,第二个下标 j 表示此元素所在的列数,$i=1,2,j=1,2$,于是此行列式中有四个元素,并且

$$\begin{vmatrix} a_{11} & a_{12} \\ a_{21} & a_{22} \end{vmatrix}=a_{11}a_{22}-a_{12}a_{21}.$$

它背后有什么样的意义?

可将此行列式第一行的两个元素 a_{11},a_{12} 看成一个二维向量 $(a_{11},a_{12})\xlongequal{\text{记}}\boldsymbol{\alpha}_1$,将此行列式第二行的两个元素 a_{21},a_{22} 看成另一个二维向量 $(a_{21},a_{22})\xlongequal{\text{记}}\boldsymbol{\alpha}_2$.不失一般性,将其标在直角坐标系中,且以这两个向量为邻边画出 $\square OABC$,则 $S_{\square OABC}$ 是多少?

不妨设 $\boldsymbol{\alpha}_1$ 的长度(模)为 l,$\boldsymbol{\alpha}_2$ 的长度(模)为 m,$\boldsymbol{\alpha}_1$ 与 x 轴正向的夹角为 α,$\boldsymbol{\alpha}_2$ 与 x 轴正向的夹角为 β(图 1.1).

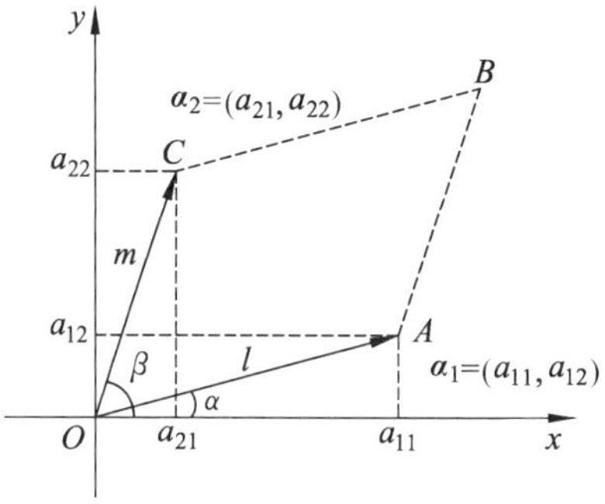

图 1.1

由此可得

$$\begin{aligned}S_{\square OABC}&=l\cdot m\cdot\sin(\beta-\alpha)\\&=l\cdot m(\sin\beta\cos\alpha-\cos\beta\sin\alpha)\\&=l\cos\alpha\cdot m\sin\beta-l\sin\alpha\cdot m\cos\beta\\&=a_{11}a_{22}-a_{12}a_{21},\end{aligned}$$

于是 $\begin{vmatrix}a_{11}&a_{12}\\a_{21}&a_{22}\end{vmatrix}=a_{11}a_{22}-a_{12}a_{21}=S_{\square OABC}$.这样我们就得到一个极其直观的结论:二阶行列式是由两个二维向量组成的,其运算结果为以这两个向量为邻边的平行四边形的正向面积,这不仅得出了二阶行列式的计算规则,也能够清楚地看到其几何意义.

同样地,我们可以做线性推广——三阶行列式

$$D_3=\begin{vmatrix}a_{11}&a_{12}&a_{13}\\a_{21}&a_{22}&a_{23}\\a_{31}&a_{32}&a_{33}\end{vmatrix}$$

的定义.

相信大家能够仿照上述定义回答出:三阶行列式是由三个三维向量 $\boldsymbol{\alpha}_1=(a_{11},a_{12},a_{13})$,$\boldsymbol{\alpha}_2=(a_{21},a_{22},a_{23})$,$\boldsymbol{\alpha}_3=(a_{31},a_{32},a_{33})$组成的,其结果为以这三个向量为邻边的平行六面体的体积(图 1.2).

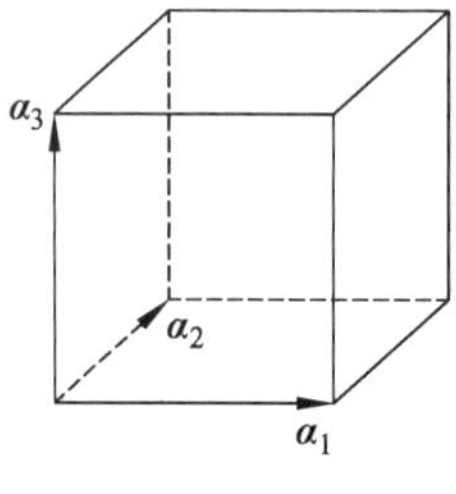

图 1.2

以此类推，便可以给出 n 阶行列式 $D_n=\begin{vmatrix} a_{11} & a_{12} & \cdots & a_{1n} \\ a_{21} & a_{22} & \cdots & a_{2n} \\ \vdots & \vdots & & \vdots \\ a_{n1} & a_{n2} & \cdots & a_{nn} \end{vmatrix}$ 的本质.

n 阶行列式是由 n 个 n 维向量 $\boldsymbol{\alpha}_1=(a_{11},a_{12},\cdots,a_{1n})$，$\boldsymbol{\alpha}_2=(a_{21},a_{22},\cdots,a_{2n})$，$\cdots$，$\boldsymbol{\alpha}_n=(a_{n1},a_{n2},\cdots,a_{nn})$组成的，其结果为以这 n 个向量为邻边的 n 维图形的体积.

2 排列及其逆序数

三阶行列式的值是所有取自不同行、不同列的三个元素乘积的代数和，每个乘积项中的三个元素的行下标为 1,2,3，列下标为 1,2,3 的某个排列，每一项的符号与这个排列的次序有关.因此，为了研究 n 阶行列式，需要先介绍一个预备知识——排列及其逆序数.

把 n 个自然数 $1,2,\cdots,n$ 排成一列，称为这 n 个自然数的一个全排列，也称为一个 n 级排列(简称排列).

例如，由 1,2,3 这三个自然数所组成的不同的排列有 123,132,213,231,312,321,共有 6 种.在所有 n 级排列的不同排列中，$12\cdots n$ 是唯一的一个按从小到大的次序组成的排列，称为标准排列(或自然排列).

定义 1　一个排列中的两个数，如果排在前面的数大于排在它后面的数，则称这两个数构成一个逆序.一个排列中逆序的总数，称为这个排列的逆序数.

逆序数为奇数的排列称为奇排列，逆序数为偶数的排列称为偶排列.

例如，排列 213 的逆序数是 1，属奇排列；而排列 231 的逆序数是 2，属偶排列.排列 $p_1p_2\cdots p_n$ 的逆序数记为 $\tau(p_1p_2\cdots p_n)$.可按以下方法计算排列的逆序数：设在一个 n 级排列 $p_1p_2\cdots p_n$ 中，如果比 $p_i(i=1,2,\cdots,n)$ 大且排在 p_i 前面的数有 t_i 个，则称 t_i 为数 p_i 的逆序数.一个排列的逆序数等于这个排列中所有数的逆序数之和，即

$$\tau(p_1p_2\cdots p_n)=t_1+t_2+\cdots+t_n=\sum_{i=1}^{n}t_i.$$

3 利用 n 阶行列式的定义求行列式

我们已经介绍了二阶行列式

$$\begin{vmatrix} a_{11} & a_{12} \\ a_{21} & a_{22} \end{vmatrix}=a_{11}a_{22}-a_{12}a_{21}$$

及三阶行列式

$$\begin{vmatrix} a_{11} & a_{12} & a_{13} \\ a_{21} & a_{22} & a_{23} \\ a_{31} & a_{32} & a_{33} \end{vmatrix}=a_{11}a_{22}a_{33}+a_{12}a_{23}a_{31}+a_{13}a_{21}a_{32}-a_{11}a_{23}a_{32}-a_{12}a_{21}a_{33}-a_{13}a_{22}a_{31}.$$

现通过研究三阶行列式的结构来推出 n 阶行列式的定义.容易看出，三阶行列式

的等式右端有以下两个特点：

① 右端每一项都是三个数的乘积，这三个数位于三阶行列式中不同行、不同列.因此，任意项除符号外可以写成 $a_{1p_1}a_{2p_2}a_{3p_3}$，这里每个元素第一个下标（行标）排成标准排列（由小及大），而每个元素第二个下标（列标）排成 $p_1p_2p_3$，它是 1，2，3 这三个数的某个排列.这样不同的排列有 3!种，对应等式右端的式子就有 6 项.

② 各项系数符号与列标排列对照：带正号的三项列标排列为 123，231，312；带负号的三项列标排列为 321，132，213.经计算知，前三个排列为偶排列，后三个排列为奇排列.因此，等式右端各项的符号可以用 $(-1)^{\tau(p_1p_2p_3)}$ 来表示，其中 $\tau(p_1p_2p_3)$ 为列标排列 $p_1p_2p_3$ 的逆序数.

从而三阶行列式可以写成：

$$\begin{vmatrix} a_{11} & a_{12} & a_{13} \\ a_{21} & a_{22} & a_{23} \\ a_{31} & a_{32} & a_{33} \end{vmatrix} = \sum_{p_1p_2p_3} (-1)^{\tau(p_1p_2p_3)} a_{1p_1}a_{2p_2}a_{3p_3},$$

其中 $\sum\limits_{p_1p_2p_3}$ 表示对所有的三级排列求和.

由此，我们可以给出 n 阶行列式的定义.

定义 2 由 n^2 个数 $a_{ij}(i,j=1,2,\cdots,n)$ 按 $\sum\limits_{p_1p_2\cdots p_n} (-1)^{\tau(p_1p_2\cdots p_n)} a_{1p_1}a_{2p_2}\cdots a_{np_n}$ 确定的数值记为

$$D = \begin{vmatrix} a_{11} & a_{12} & \cdots & a_{1n} \\ a_{21} & a_{22} & \cdots & a_{2n} \\ \vdots & \vdots & & \vdots \\ a_{n1} & a_{n2} & \cdots & a_{nn} \end{vmatrix},$$

称之为 n 阶行列式，其中 a_{ij} 称为行列式 D 中第 i 行第 j 列的元素或 (i,j) 元.即

$$D = \begin{vmatrix} a_{11} & a_{12} & \cdots & a_{1n} \\ a_{21} & a_{22} & \cdots & a_{2n} \\ \vdots & \vdots & & \vdots \\ a_{n1} & a_{n2} & \cdots & a_{nn} \end{vmatrix} = \sum_{p_1p_2\cdots p_n} (-1)^{\tau(p_1p_2\cdots p_n)} a_{1p_1}a_{2p_2}\cdots a_{np_n}$$

是所有取自不同行不同列的 n 个元素的乘积，并带有符号 $(-1)^{\tau(p_1p_2\cdots p_n)}$ 的代数和，其中 $p_1p_2\cdots p_n$ 是 $1,2,\cdots,n$ 的一个排列，$\tau(p_1p_2\cdots p_n)$ 是排列 $p_1p_2\cdots p_n$ 的逆序数，$\sum\limits_{p_1p_2\cdots p_n}$ 表示对所有的 n 级排列求和.n 阶行列式 D 也可简记作 $\det(a_{ij})$.特别地，当 $n=1$ 时，我们规定一阶行列式 $|a|=a$.

基础训练

1 求排列 41325 的逆序数.

2 求出下列各个排列的逆序数.

(1) 217986354；　(2) $n,1,2,\cdots,n-1$；　(3) $n,n-1,\cdots,2,1$.

3 选择 i 与 k，使

(1) $1i74356k9$ 成偶排列；　(2) $1i25k4897$ 成奇排列.

4 试用定义推导二阶行列式与三阶行列式的计算公式.

(1) $\begin{vmatrix} a_{11} & a_{12} \\ a_{21} & a_{22} \end{vmatrix}$;　　(2) $\begin{vmatrix} a_{11} & a_{12} & a_{13} \\ a_{21} & a_{22} & a_{23} \\ a_{31} & a_{32} & a_{33} \end{vmatrix}$.

强化训练

1 证明 $D=\begin{vmatrix} a_{11} & a_{12} & \cdots & a_{1n} \\ 0 & a_{22} & \cdots & a_{2n} \\ \vdots & \vdots & & \vdots \\ 0 & 0 & \cdots & a_{nn} \end{vmatrix}=a_{11}a_{22}\cdots a_{nn}$.

2 证明 $D=\begin{vmatrix} a_{11} & a_{12} & \cdots & a_{1,n-1} & a_{1n} \\ a_{21} & a_{22} & \cdots & a_{2,n-1} & 0 \\ \vdots & \vdots & & \vdots & \vdots \\ a_{n1} & 0 & \cdots & 0 & 0 \end{vmatrix}=(-1)^{\frac{n(n-1)}{2}}a_{1n}a_{2,n-1}\cdots a_{n1}$.

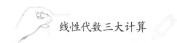

3 求 $f(x)=\begin{vmatrix} 4x & 1 & 2x & 3 \\ 3 & x & 1 & -1 \\ -1 & 2 & -x & 1 \\ 2 & 3 & 1 & x \end{vmatrix}$ 中 x^4 与 x^3 的系数.

§1.2 利用行列式的性质求行列式

1 行列式的展开性质

(1) 余子式与代数余子式

一般说来,低阶行列式的计算要比高阶行列式简单,本节将介绍把高阶行列式化为低阶行列式的方法.为此,我们先介绍余子式与代数余子式的概念.

定义 在 n 阶行列式 D 中,划去元素 a_{ij} 所在的第 i 行、第 j 列的元素.剩下的元素按原来的次序构成的 $n-1$ 阶行列式,称为元素 a_{ij} 的余子式,记作 M_{ij},又称 $A_{ij}=(-1)^{i+j}M_{ij}$ 为元素 a_{ij} 的代数余子式.

例如,四阶行列式 $\begin{vmatrix} a_{11} & a_{12} & a_{13} & a_{14} \\ a_{21} & a_{22} & a_{23} & a_{24} \\ a_{31} & a_{32} & a_{33} & a_{34} \\ a_{41} & a_{42} & a_{43} & a_{44} \end{vmatrix}$ 中元素 a_{31},a_{23} 的余子式和代数余子式分别是:

$$M_{31}=\begin{vmatrix} a_{12} & a_{13} & a_{14} \\ a_{22} & a_{23} & a_{24} \\ a_{42} & a_{43} & a_{44} \end{vmatrix},A_{31}=(-1)^{3+1}M_{31}=M_{31},$$

$$M_{23}=\begin{vmatrix} a_{11} & a_{12} & a_{14} \\ a_{31} & a_{32} & a_{34} \\ a_{41} & a_{42} & a_{44} \end{vmatrix},A_{23}=(-1)^{2+3}M_{23}=-M_{23}.$$

(2) 行列式按行(列)展开(降阶性质)

定理 行列式的值等于它的任一行(列)的各个元素与其对应的代数余子式的乘积之和.(以 3 阶行列式 $D_{3\times 3}$ 为例)

例如 $D_{3\times3}=a_{i1}A_{i1}+a_{i2}A_{i2}+a_{i3}A_{i3}$ →按行展开

$=a_{1j}A_{1j}+a_{2j}A_{2j}+a_{3j}A_{3j}$， →按列展开

其中($i,j=1,2,3$)，

推论 行列式中任一行(列)的元素与另一行(列)的对应元素的代数余子式乘积之和等于零.(以3阶行列式$D_{3\times3}$为例)

例如 $0=a_{i1}A_{j1}+a_{i2}A_{j2}+a_{i3}A_{j3}$

$=a_{1i}A_{1j}+a_{2i}A_{2j}+a_{3i}A_{3J}$，

其中($i,j=1,2,3$，且$i\neq j$)，

证(定理) 以3阶行列式按第一行展开为例，即

$$D_{3\times3}=a_{11}A_{11}+a_{12}A_{12}+a_{13}A_{13},$$

由“主-副”展开知

$$D_{3\times3}=\begin{vmatrix}a_{11}&a_{12}&a_{13}\\a_{21}&a_{22}&a_{23}\\a_{31}&a_{32}&a_{33}\end{vmatrix}$$

$$=a_{11}a_{22}a_{33}+a_{12}a_{23}a_{31}+a_{13}a_{21}a_{32}-a_{13}a_{22}a_{31}-a_{12}a_{21}a_{33}-a_{11}a_{23}a_{32}$$

(将含公因子a_{11},a_{12},a_{13}的项分别合并)

$$=a_{11}(a_{22}a_{33}-a_{23}a_{32})+a_{12}(a_{23}a_{31}-a_{21}a_{33})+a_{13}(a_{21}a_{32}-a_{22}a_{31})$$

(将第二项取负号)

$$=a_{11}(a_{22}a_{33}-a_{23}a_{32})-a_{12}(a_{21}a_{33}-a_{23}a_{31})+a_{13}(a_{21}a_{32}-a_{22}a_{31})$$

$$=a_{11}\underbrace{\begin{vmatrix}a_{22}&a_{23}\\a_{32}&a_{33}\end{vmatrix}}_{\uparrow\ M_{11}}-a_{12}\underbrace{\begin{vmatrix}a_{21}&a_{23}\\a_{31}&a_{33}\end{vmatrix}}_{\uparrow\ M_{12}}+a_{13}\underbrace{\begin{vmatrix}a_{21}&a_{22}\\a_{31}&a_{32}\end{vmatrix}}_{\uparrow\ M_{13}}$$

$$=a_{11}M_{11}-a_{12}M_{12}+a_{13}M_{13}$$

[由于$M_{11}=A_{11}$，$-M_{12}=A_{12}$，$M_{13}=A_{13}$(余子式与代数余子式关系)]

$$=a_{11}A_{11}+a_{12}A_{12}+a_{13}A_{13}.$$

故得证

$$D_{3\times3}=a_{11}A_{11}+a_{12}A_{12}+a_{13}A_{13}\text{(按第一行展开)}.$$

按列展开原理与行展开类似可证.

证(推论) 以3阶行列式的第一行元素与第二行对应元素的代数余子式乘积之和为例，即

$$D=a_{11}A_{21}+a_{12}A_{22}+a_{13}A_{23},$$

由于行列式

$$D_{3\times3}=\begin{vmatrix}a_{11}&a_{12}&a_{13}\\a_{21}&a_{22}&a_{23}\\a_{31}&a_{32}&a_{33}\end{vmatrix},$$

而代数余子式A_{21},A_{22},A_{23}由行列式$D_{3\times3}$的第一、三行元素决定，即

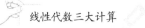

$$\begin{vmatrix} \boxed{a_{11} \quad a_{12} \quad a_{13}} \\ \times \quad \times \quad \times \\ \boxed{a_{31} \quad a_{32} \quad a_{33}} \end{vmatrix} \longrightarrow 决定 \ A_{21}, A_{22}, A_{23}$$

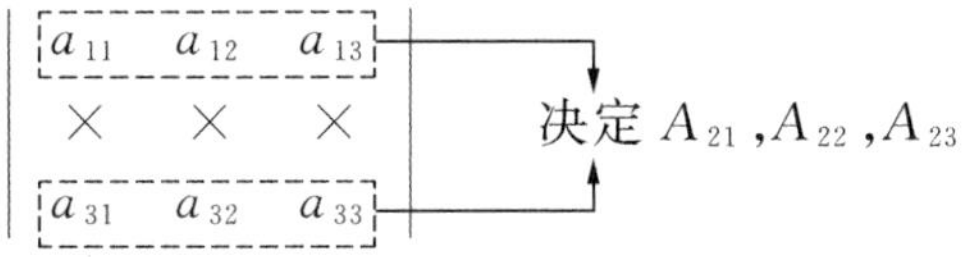

所以第二行元素改变并不影响 A_{21}, A_{22}, A_{23} 的值.

利用定理可知,将 $a_{11}A_{21} + a_{12}A_{22} + a_{13}A_{23}$ 构造成新的行列式

$$D'_{3 \times 3} = a_{11}A_{21} + a_{12}A_{22} + a_{13}A_{23}(将 D_{3 \times 3} 的第二行元素换为 a_{11}, a_{12}, a_{13})$$

$$= \begin{vmatrix} a_{11} & a_{12} & a_{13} \\ a_{11} & a_{12} & a_{13} \\ a_{31} & a_{32} & a_{33} \end{vmatrix} = 0.$$

故得证

$$0 = a_{11}A_{21} + a_{12}A_{22} + a_{13}A_{23}.$$

按列展开原理与行展开类似可证.

综上,我们可以将展开定理与推论推广到 n 阶行列式.

即

$$\sum_{k=1}^{n} a_{ik}A_{jk} = \begin{cases} D, & i = j, \\ 0, & i \neq j, \end{cases} \quad \longrightarrow 按行展开$$

$$\sum_{k=1}^{n} a_{ki}A_{kj} = \begin{cases} D, & i = j, \\ 0, & i \neq j. \end{cases} \quad \longrightarrow 按列展开$$

2 利用行列式的性质求行列式

利用行列式的定义求 n 阶行列式值的计算量大,因此直接计算非常困难.在上一节中,我们知道一个三角形行列式的值等于其主对角线上元素的乘积.那么,有没有方法能使一个 n 阶行列式化为一个三角形行列式呢?我们就来讨论这一问题,即讨论 n 阶行列式的基本性质.只要灵活应用这些性质,就可以大大简化 n 阶行列式的计算.现通过简单的二阶行列式,对性质进行验证.令

$$D = \begin{vmatrix} a_{11} & a_{12} & \cdots & a_{1n} \\ a_{21} & a_{22} & \cdots & a_{2n} \\ \vdots & \vdots & & \vdots \\ a_{i1} & a_{i2} & \cdots & a_{in} \\ \vdots & \vdots & & \vdots \\ a_{n1} & a_{n2} & \cdots & a_{nn} \end{vmatrix}, D^{\mathrm{T}} = \begin{vmatrix} a_{11} & a_{21} & \cdots & a_{i1} & \cdots & a_{n1} \\ a_{12} & a_{22} & \cdots & a_{i2} & \cdots & a_{n2} \\ \vdots & \vdots & & \vdots & & \vdots \\ a_{1n} & a_{2n} & \cdots & a_{in} & \cdots & a_{nn} \end{vmatrix},$$

其中行列式 D^{T} 称为行列式 D 的转置行列式.

性质 1　行列式转置后值不变,即 $D^{\mathrm{T}} = D$.

例如,$D = \begin{vmatrix} 1 & 2 \\ 3 & 4 \end{vmatrix} = 4 - 6 = -2, D^{\mathrm{T}} = \begin{vmatrix} 1 & 3 \\ 2 & 4 \end{vmatrix} = 4 - 6 = -2$,故 $D^{\mathrm{T}} = D$.

性质 2　互换行列式的两行(列),行列式改变符号.

例如，$D_1=\begin{vmatrix}2&3\\4&7\end{vmatrix}=14-12=2$，$D_2=\begin{vmatrix}4&7\\2&3\end{vmatrix}=12-14=-2$，交换两行后有 $D_1=-D_2$.

推论 1　若行列式中有两行(列)的元素对应相等，则此行列式的值为零.

性质 3　行列式中某一行(列)的所有元素都乘以同一数 k，等于用数 k 乘此行列式.

例如，$D_1=\begin{vmatrix}2&3\\4&7\end{vmatrix}=14-12=2$，$D_2=\begin{vmatrix}6&9\\4&7\end{vmatrix}=42-36=6=3D_1$，故第一行所有元素乘以 3 后，等于 3 乘以此行列式.

推论 2　行列式中某一行(列)的所有元素的公因子可以提到行列式符号外面.

第 i 行(列)提出公因子 k 记作 $r_i\div k\,(c_i\div k)$.

推论 3　行列式中如果有两行(列)的元素对应成比例，则此行列式的值为零.

性质 4　若行列式中某一行(列)的元素都是两数之和，即

$$D=\begin{vmatrix}a_{11}&a_{12}&\cdots&a_{1i}+a'_{1i}&\cdots&a_{1n}\\a_{21}&a_{22}&\cdots&a_{2i}+a'_{2i}&\cdots&a_{2n}\\\vdots&\vdots&&\vdots&&\vdots\\a_{n1}&a_{n2}&\cdots&a_{ni}+a'_{ni}&\cdots&a_{nn}\end{vmatrix},$$

则 D 可拆分为下列两个行列式之和：

$$D=\begin{vmatrix}a_{11}&a_{12}&\cdots&a_{1i}&\cdots&a_{1n}\\a_{21}&a_{22}&\cdots&a_{2i}&\cdots&a_{2n}\\\vdots&\vdots&&\vdots&&\vdots\\a_{n1}&a_{n2}&\cdots&a_{ni}&\cdots&a_{nn}\end{vmatrix}+\begin{vmatrix}a_{11}&a_{12}&\cdots&a'_{1i}&\cdots&a_{1n}\\a_{21}&a_{22}&\cdots&a'_{2i}&\cdots&a_{2n}\\\vdots&\vdots&&\vdots&&\vdots\\a_{n1}&a_{n2}&\cdots&a'_{ni}&\cdots&a_{nn}\end{vmatrix}.$$

例如，$D=\begin{vmatrix}2&3\\4&7\end{vmatrix}=2$，$D=\begin{vmatrix}1&2\\4&7\end{vmatrix}+\begin{vmatrix}1&1\\4&7\end{vmatrix}=-1+3=2$，故第一行元素拆分后原行列式为拆分后行列式的和.

性质 5　把行列式中某一行(列)的各元素乘以同一数 k 后加到另一行(列)对应的元素中，行列式的值不变.

例如，$D=\begin{vmatrix}2&3\\4&7\end{vmatrix}=2$，$D=\begin{vmatrix}2&3\\4+6&7+9\end{vmatrix}=\begin{vmatrix}2&3\\10&16\end{vmatrix}=2$，第一行元素乘以 3 后加至第二行，行列式值不变.

注　上述行列式的性质不必做到掌握详细理论论证，只需学会利用性质直接应用于行列式的化简即可.以上性质也可由我们前面所介绍的行列式的几何背景直观得到，而不需复杂抽象的分析.例如，"两行(列)元素对应成比例，则行列式为零"，我们可取 $\begin{vmatrix}2&3\\4&6\end{vmatrix}$，因为向量(2,3)与向量(4,6)为平行向量，故 $\begin{vmatrix}2&3\\4&6\end{vmatrix}=S_{\square}=0$，如图 1.3 所示，一目了然.

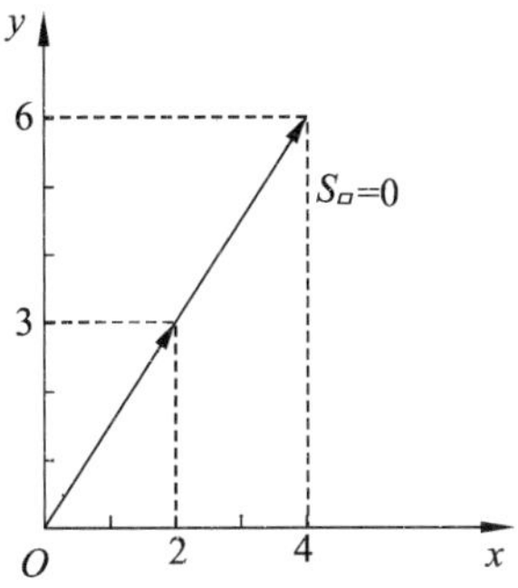

图 1.3

互换行列式的两行(列)、将行列式的某一行(列)的所有元素同乘以常数 k、把行列式的某一行(列)的所有元素同乘以常数 k 后加到另一行(列)对应的元素上去，这三种对行列式施行的运算称为行列式的初等变换.灵活运用行列式的这三种初等变换，可以把一些行列式化为上(下)三角形行列式进行计算.再结合行列式的展开降阶及其他性质，可以更方便地计算出行列式.

接下来，在学习行列式的化简运算之前，我们先了解行列式变换中的一些字母与符号的含义.为了方便表示运算，我们通常将行列式的"行"化简用字母"r"表示，其是英文"row"的缩写；行列式的"列"化简用字母"c"表示，其是英文"column"的缩写.例如，r_i 表示行列式的第 i 行，交换行列式的 i，j 两行记作 $r_i \leftrightarrow r_j$，常数 k 乘以行列式的第 i 行记作 kr_i，第 i 行的所有元素乘以常数 k 后加至第 j 行对应元素记为 $r_j + kr_i$.同理，行列式的列化简表示以此类推.这些变换的表达形式将会在第 2 章的矩阵变换中使用，这里不再赘述.

基础训练

1 设 $|\boldsymbol{A}| = \begin{vmatrix} -2 & 2 & -2 & 2 \\ 1 & 2 & 3 & 4 \\ 1 & 1 & 1 & 1 \\ 2 & -1 & 3 & 5 \end{vmatrix}$，计算：

(1) $A_{41} + A_{42} + A_{43} + A_{44}$ 的值；

(2) $M_{31} + M_{32} + M_{33} + M_{34}$ 的值.

2 计算行列式$\begin{vmatrix} 3 & 2 & 3 \\ 2 & -3 & 4 \\ 4 & -5 & 2 \end{vmatrix}$.

3 证明：$\begin{vmatrix} a^2 & (a+1)^2 & (a+2)^2 & (a+3)^2 \\ b^2 & (b+1)^2 & (b+2)^2 & (b+3)^2 \\ c^2 & (c+1)^2 & (c+2)^2 & (c+3)^2 \\ d^2 & (d+1)^2 & (d+2)^2 & (d+3)^2 \end{vmatrix}=0$.

4 计算行列式$\begin{vmatrix} 2 & -5 & 1 & 2 \\ -3 & 7 & -1 & 4 \\ 5 & -9 & 2 & 7 \\ 4 & -6 & 1 & 2 \end{vmatrix}$.

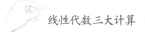

5 求$\begin{vmatrix} a_1+x & a_2 & a_3 & a_4 \\ -x & x & 0 & 0 \\ 0 & -x & x & 0 \\ 0 & 0 & -x & x \end{vmatrix}$的值.

6 求行列式 $D=\begin{vmatrix} 4 & 4 & 4 & 0 \\ 4 & 4 & 0 & 4 \\ 4 & 0 & 4 & 4 \\ 0 & 4 & 4 & 4 \end{vmatrix}$.

7 已知$\begin{vmatrix} \lambda-3 & 1 & -1 \\ 1 & \lambda-5 & 1 \\ -1 & 1 & \lambda-3 \end{vmatrix}=0$,求 λ 的值.

强化训练

1 计算行列式 $D=\begin{vmatrix} 2 & 5 & 4 & 9 \\ -3 & 3 & 1 & 10 \\ 3 & 4 & 5 & 15 \\ 4 & 3 & 14 & 19 \end{vmatrix}$.

2 计算五阶行列式 $D_5=\begin{vmatrix} a & b & 0 & 0 & 0 \\ c & a & b & 0 & 0 \\ 0 & c & a & b & 0 \\ 0 & 0 & c & a & b \\ 0 & 0 & 0 & c & a \end{vmatrix}$.

3 计算行列式 $\begin{vmatrix} 1 & 2 & 3 & \cdots & n \\ 1 & x+1 & 3 & \cdots & n \\ 1 & 2 & x+1 & \cdots & n \\ \vdots & \vdots & \vdots & & \vdots \\ 1 & 2 & 3 & \cdots & x+1 \end{vmatrix}$.

4 计算 n 阶行列式 $D_n=\begin{vmatrix} a & b & \cdots & b \\ b & a & \cdots & b \\ \vdots & \vdots & & \vdots \\ b & b & \cdots & a \end{vmatrix}$.

5 计算行列式 $\begin{vmatrix} a_1+b_1 & 2a_1-b_1 & 4a_1+5b_1 \\ a_2+b_2 & 2a_2-b_2 & 4a_2+5b_2 \\ a_3+b_3 & 2a_3-b_3 & 4a_3+5b_3 \end{vmatrix}$.

6 计算行列式 $D=\begin{vmatrix} 1 & -1 & 1 & x-1 \\ 1 & -1 & x+1 & -1 \\ 1 & x-1 & 1 & -1 \\ x+1 & -1 & 1 & -1 \end{vmatrix}$.

§1.3 计算特殊行列式

1 范德蒙德行列式

以 $x_1,x_2,\cdots,x_n$ 为行元素的 n 阶范德蒙德行列式的算式为

$$D_n=\begin{vmatrix}1&1&\cdots&1\\x_1&x_2&\cdots&x_n\\\vdots&\vdots&&\vdots\\x_1^{n-1}&x_2^{n-1}&\cdots&x_n^{n-1}\end{vmatrix}=\prod_{1\leqslant j<i\leqslant n}(x_i-x_j).$$

范德蒙德行列式 D_n 的结构特点是每列元素 $1,x_i,x_i^2,\cdots,x_i^{n-1}$ 按 $x_i(i=1,2,\cdots,n)$ 的升幂排列(方幂次数从上到下由 0 次递增至 $n-1$ 次).其值等于元素 $x_1,x_2,\cdots,x_n$ 中列下标大的元素减去列下标小的元素所有可能的差 x_i-x_j 的连乘积.另外,因 $D_n=D_n^{\mathrm{T}}$,如果一个行列式的第 i 行的元素具有上述结构特征,也是范德蒙德行列式,其值也可按上式结果计算.

2 双对角线＋左下元形行列式 $|\!\diagdown\!\diagdown\!|$;$|\!\diagdown\!\diagdown\!|$

这种行列式元素的分布特征为:左下角有一个非零元素,其余非零元素都集中在两条平行主对角线上,这样的行列式不妨称为"双对角线＋左下元"形行列式,按其第一列展开来计算着实便捷.同样地,我们也可以称右上角有一个非零元素,其余非零元素都集中在两条平行主对角线上的行列式为"双对角线＋右上元"形行列式.类似地,我们按其第一行展开便能得到行列式的值.

3 箭形(爪形)行列式↖↘↗↙

箭形行列式常常考虑将其化为三角形行列式来计算.为此,对于箭形行列式↖或↙,常从第二列起,把每列的若干倍都加到第一列使第一列元素除了第一个元素或第 n 个元素外,其余元素全部化成零,从而将上述箭形行列式化为三角形行列式.

同样地,对箭形行列式↘或↗可从第一列起,把每列的若干倍加到第 n 列,使第 n 列元素除第一个元素或第 n 个元素外,其余元素全部化成零,从而将上述箭形行列式化为三角形行列式.这里所提到的三角形行列式有下述四种:

$$\begin{vmatrix}a_{11}&a_{12}&\cdots&a_{1n}\\0&a_{22}&\cdots&a_{2n}\\\vdots&\vdots&&\vdots\\0&0&\cdots&a_{nn}\end{vmatrix}=\begin{vmatrix}a_{11}&0&\cdots&0\\a_{21}&a_{22}&\cdots&0\\\vdots&\vdots&&\vdots\\a_{n1}&a_{n2}&\cdots&a_{nn}\end{vmatrix}=a_{11}a_{22}\cdots a_{nn};$$

$$\begin{vmatrix}a_{11}&\cdots&a_{1,n-1}&a_{1n}\\a_{21}&\cdots&a_{2,n-1}&0\\\vdots&&\vdots&\vdots\\a_{n1}&\cdots&0&0\end{vmatrix}=\begin{vmatrix}0&\cdots&0&a_{1n}\\0&\cdots&a_{2,n-1}&a_{2n}\\\vdots&&\vdots&\vdots\\a_{n1}&\cdots&a_{n,n-1}&a_{nn}\end{vmatrix}=(-1)^{\frac{n(n-1)}{2}}a_{1n}a_{2,n-1}\cdots a_{n1}.$$

4 行(列)和相等的行列式

将各列(或各行)元素加到第一列(或第一行),提出第一列(或第一行)的公因子,然后再由第一列(或第一行)的元素倍加到其他各列(或各行),将所得行列式化为三角形行列式.

5 拉普拉斯分块矩阵的行列式

设 $\boldsymbol{A}$ 是 m 阶方阵,$\boldsymbol{B}$ 是 n 阶方阵(方阵指的是行数和列数相同的矩阵),则

$$\begin{vmatrix} \boldsymbol{A} & \boldsymbol{O} \\ \boldsymbol{O} & \boldsymbol{B} \end{vmatrix} = \begin{vmatrix} \boldsymbol{A} & \boldsymbol{O} \\ \boldsymbol{C} & \boldsymbol{B} \end{vmatrix} = \begin{vmatrix} \boldsymbol{A} & \boldsymbol{C} \\ \boldsymbol{O} & \boldsymbol{B} \end{vmatrix} = |\boldsymbol{A}||\boldsymbol{B}|,$$

$$\begin{vmatrix} \boldsymbol{O} & \boldsymbol{A} \\ \boldsymbol{B} & \boldsymbol{O} \end{vmatrix} = \begin{vmatrix} \boldsymbol{O} & \boldsymbol{A} \\ \boldsymbol{B} & \boldsymbol{C} \end{vmatrix} = \begin{vmatrix} \boldsymbol{C} & \boldsymbol{A} \\ \boldsymbol{B} & \boldsymbol{O} \end{vmatrix} = (-1)^{mn}|\boldsymbol{A}||\boldsymbol{B}|.$$

注　拉普拉斯分块行列式的形式中,必须是含零子块的分块矩阵的行列式,也就是说至少有一块是零矩阵.另外,$\begin{vmatrix} \boldsymbol{A} & \boldsymbol{D} \\ \boldsymbol{C} & \boldsymbol{B} \end{vmatrix} \neq |\boldsymbol{A}||\boldsymbol{B}|-|\boldsymbol{C}||\boldsymbol{D}|$,即没有运算法则,其中 $\boldsymbol{A},\boldsymbol{B},\boldsymbol{C},\boldsymbol{D}$ 为同阶方阵.

6 三对角线形行列式

研究元素的分布特征,优先考虑利用行列式消元化简出三角形行列式.如果不方便化成三角形行列式,可考虑按某行或某列展开得到含三个阶数不同的行列式的递推关系式,再拆分为四个行列式,以两个行列式为基础进行递推.对较低阶的三对角线形行列式展开后得到含阶数不同的两个行列式,直接递推.

此法的关键是要找到递推公式,常用按行(列)展开行列式的方法来推出递推公式即可.

基础训练

1 计算行列式 $\begin{vmatrix} 1 & 1 & 1 & 1 \\ 2 & 4 & 8 & 1 \\ 3 & 9 & 27 & 1 \\ 4 & 16 & 64 & 1 \end{vmatrix}$.

2 计算行列式 $\begin{vmatrix} 1 & 2 & 3 & 4 \\ 1 & 2^2 & 3^2 & 4^2 \\ 1 & 2^3 & 3^3 & 4^3 \\ 9 & 8 & 7 & 6 \end{vmatrix}$.

3 计算行列式 $\begin{vmatrix} a_1 & 0 & \cdots & 0 & b_1 \\ b_2 & a_2 & \cdots & 0 & 0 \\ \vdots & \vdots & & \vdots & \vdots \\ 0 & 0 & \cdots & a_{n-1} & 0 \\ 0 & 0 & \cdots & b_n & a_n \end{vmatrix}$.

4 计算行列式 $\begin{vmatrix} 1 & 1 & 1 & 1 \\ 1 & 2 & 0 & 0 \\ 1 & 0 & 3 & 0 \\ 1 & 0 & 0 & 4 \end{vmatrix}$.

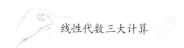

5 计算行列式$\begin{vmatrix} 5 & 2 & 2 & 2 \\ 2 & 5 & 2 & 2 \\ 2 & 2 & 5 & 2 \\ 2 & 2 & 2 & 5 \end{vmatrix}$.

6 计算行列式 $D=\begin{vmatrix} 0 & a_1 & b_1 & 0 \\ a_2 & 0 & 0 & b_2 \\ a_3 & 0 & 0 & b_3 \\ x & a_4 & b_4 & y \end{vmatrix}$.

7 计算行列式$\begin{vmatrix} 1 & b_1 & 0 & 0 \\ -1 & 1-b_1 & b_1 & 0 \\ 0 & -1 & 1-b_1 & b_1 \\ 0 & 0 & -1 & 1-b_1 \end{vmatrix}$.

8 计算行列式 $\begin{vmatrix} 1 & -1 & 0 & 0 \\ 2 & x & -1 & 0 \\ 3 & 0 & x & -1 \\ 4 & 0 & 0 & x \end{vmatrix}$.

强化训练

1 计算行列式 $\begin{vmatrix} 1 & 1 & 1 & \cdots & 1 \\ 2 & 2^2 & 2^3 & \cdots & 2^n \\ 3 & 3^2 & 3^3 & \cdots & 3^n \\ \vdots & \vdots & \vdots & & \vdots \\ n & n^2 & n^3 & \cdots & n^n \end{vmatrix}$.

2 计算下列 n 阶行列式,其中 $a_i,b_i(i=1,2,\cdots,n)$不全为零.

$$D_n^{(1)}=\begin{vmatrix} a_1 & b_1 & 0 & \cdots & 0 & 0 \\ 0 & a_2 & b_2 & \cdots & 0 & 0 \\ \vdots & \vdots & \vdots & & \vdots & \vdots \\ 0 & 0 & 0 & \cdots & a_{n-1} & b_{n-1} \\ b_n & 0 & 0 & \cdots & 0 & a_n \end{vmatrix},D_n^{(2)}=\begin{vmatrix} a_1 & 0 & 0 & \cdots & 0 & b_n \\ b_1 & a_2 & 0 & \cdots & 0 & 0 \\ 0 & b_2 & a_3 & \cdots & 0 & 0 \\ \vdots & \vdots & \vdots & & \vdots & \vdots \\ 0 & 0 & 0 & \cdots & a_{n-1} & 0 \\ 0 & 0 & 0 & \cdots & b_{n-1} & a_n \end{vmatrix}.$$

❸ 计算 n 阶行列式 $\begin{vmatrix} a & b & 0 & \cdots & 0 & 0 \\ 0 & a & b & \cdots & 0 & 0 \\ 0 & 0 & a & \cdots & 0 & 0 \\ \vdots & \vdots & \vdots & & \vdots & \vdots \\ 0 & 0 & 0 & \cdots & a & b \\ b & 0 & 0 & \cdots & 0 & a \end{vmatrix}$.

❹ 计算行列式 $D_{n+1}=\begin{vmatrix} a_0 & b_1 & b_2 & \cdots & b_n \\ d_1 & a_1 & 0 & \cdots & 0 \\ d_2 & 0 & a_2 & \cdots & 0 \\ \vdots & \vdots & \vdots & & \vdots \\ d_n & 0 & 0 & \cdots & a_n \end{vmatrix}$，$a_i \neq 0(i=1,2,\cdots,n)$.

❺ 计算行列式 $D_n=\begin{vmatrix} 1+a & 1 & 1 & \cdots & 1 \\ 1 & 1+a & 1 & \cdots & 1 \\ 1 & 1 & 1+a & \cdots & 1 \\ \vdots & \vdots & \vdots & & \vdots \\ 1 & 1 & 1 & \cdots & 1+a \end{vmatrix}$.

6 计算五阶行列式 $D_5=\begin{vmatrix} 1-a & a & 0 & 0 & 0 \\ -1 & 1-a & a & 0 & 0 \\ 0 & -1 & 1-a & a & 0 \\ 0 & 0 & -1 & 1-a & a \\ 0 & 0 & 0 & -1 & 1-a \end{vmatrix}$.

7 证明 n 阶行列式 $\begin{vmatrix} 2a & 1 & & & & \\ a^2 & 2a & 1 & & & \\ & a^2 & 2a & 1 & & \\ & & \ddots & \ddots & \ddots & \\ & & & a^2 & 2a & 1 \\ & & & & a^2 & 2a \end{vmatrix}=(n+1)a^n$.

第2章 初等变换

§2.1 初等变换入门

矩阵的初等变换是线性代数中一个非常重要的工具，其在考研线性代数中的地位可与高等数学三大计算的求导与积分比肩.初等变换广泛应用于考研线性代数大部分核心知识点，例如：初等变换可以用来求行阶梯形、行最简形矩阵，求矩阵的秩，求可逆矩阵，解线性方程组等.这些应用在后续章节中将会一一介绍.

1 初等变换

矩阵的初等变换，具体是指对矩阵的行(列)施以如下三种变换：

① 互换(对换)矩阵中第 i,j 两行(列)元素的位置，记作 $r_i\leftrightarrow r_j(c_i\leftrightarrow c_j)$；

② 用非零常数 k 乘以第 i 行(列)所有元素，记作 $kr_i(kc_i)$；

③ 将矩阵的第 i 行(列)所有元素的 k 倍加到第 j 行(列)对应元素上，记作 $r_j+kr_i(c_j+kc_i)$.

2 初等矩阵

初等矩阵是指对单位矩阵 $\boldsymbol{E}$ 经过一次初等变换得到的矩阵.初等变换可总结为：

① 行和行(列和列)的变换(对换变换)；

② 行(列)×常数的变换(倍乘变换)；

③ 行(列)×常数再加到另一行(列)的变换(倍加变换).

注 初等变换是一个操作的过程，用箭头"→"连接；而初等矩阵是指对单位矩阵进行左乘或右乘得到的结果，用等号"="连接.

现以 2 阶单位矩阵 $\boldsymbol{E}=\begin{pmatrix}1&0\\0&1\end{pmatrix}$ 为例，对初等矩阵进行解释.

单位矩阵 $E_{2\times2}$ $\begin{pmatrix}1&0\\0&1\end{pmatrix}$ 进行一次变换
$$\begin{cases}① \xrightarrow[\text{第一行(列)和第二行(列)交换}]{r_1\leftrightarrow r_2(c_1\leftrightarrow c_2)} \begin{pmatrix}0&1\\1&0\end{pmatrix},\text{记作 } E_{12},\\ ② \xrightarrow[\text{第二行(列)元素乘以 } k \text{ 倍}]{kr_2(kc_2)} \begin{pmatrix}1&0\\0&k\end{pmatrix},\text{记作 } E_2(k),\\ ③ \xrightarrow[\substack{\text{第二行的 } k \text{ 倍加到第一行}\\ \text{(第一列的 } k \text{ 倍加到第二列)}}]{r_1+kr_2(c_2+kc_1)} \begin{pmatrix}1&k\\0&1\end{pmatrix},\text{记作 } E_{12}(k).\end{cases}$$

注 此处介绍的初等变换，包括但不限于行变换，也可以列变换.

3 初等矩阵的左行右列定理

(1) 初等矩阵×一个矩阵 A.

设矩阵 $A_{2\times2}=\begin{pmatrix}1&2\\3&4\end{pmatrix}$，此时左乘一个初等矩阵 E_{12}.

$$\text{单位矩阵 } E_{2\times2}\ \begin{pmatrix}1&0\\0&1\end{pmatrix} \xrightarrow[\text{第一行和第二行互换}]{r_1\leftrightarrow r_2} \text{初等矩阵 } E_{12}\ \begin{pmatrix}0&1\\1&0\end{pmatrix}$$

由 $E_{12}A_{2\times2}=\begin{pmatrix}0&1\\1&0\end{pmatrix}\begin{pmatrix}1&2\\3&4\end{pmatrix}=\begin{pmatrix}3&4\\1&2\end{pmatrix}$ 可知：

$$E_{12}A_{2\times2}\longrightarrow \text{矩阵 } A \text{ 的两行也完成互换.}$$

即初等矩阵对单位矩阵的行变换，在该初等矩阵左乘矩阵 A 时，矩阵 A 的行元素也发生同样的变换.

(2) 一个矩阵 A×初等矩阵.

设矩阵 $A_{2\times2}=\begin{pmatrix}1&2\\3&4\end{pmatrix}$，此时右乘一个初等矩阵 E_{12}.

$$\text{单位矩阵 } E_{2\times2}\ \begin{pmatrix}1&0\\0&1\end{pmatrix} \xrightarrow[\text{第一列和第二列互换}]{c_1\leftrightarrow c_2} \text{初等矩阵 } E_{12}\ \begin{pmatrix}0&1\\1&0\end{pmatrix}$$

由 $A_{2\times2}E_{12}=\begin{pmatrix}1&2\\3&4\end{pmatrix}\begin{pmatrix}0&1\\1&0\end{pmatrix}=\begin{pmatrix}2&1\\4&3\end{pmatrix}$ 可知

$$A_{2\times2}E_{12}\longrightarrow \text{矩阵 } A \text{ 的两列也完成互换.}$$

即初等矩阵对单位矩阵的列变换，在该初等矩阵右乘矩阵 A 时，矩阵 A 的列元素也发生相同的变换.

由此得到左行右列定理：

左行右列定理 对 n 阶矩阵 A 进行初等行变换，相当于矩阵 A 左乘相应的初等矩阵；同样，对 A 进行初等列变换，相当于矩阵 A 右乘相应的初等矩阵.

小贴士

一个矩阵，要做初等行变换，只要左乘一个相应变换的初等矩阵；

一个矩阵，要做初等列变换，只要右乘一个相应变换的初等矩阵.

4 连续初等变换

从前面学习的三种初等变换来看，若做行变换则用变换矩阵 **B** 左乘矩阵 **A**，若做列变换则用变换矩阵 **C** 右乘矩阵 **A**.以此类推，如果做连续行变换，就连续用变换矩阵 **B** 左乘矩阵 **A**；如果做连续列变换，就连续用变换矩阵 **C** 右乘矩阵 **A**.

3 个连续行变换如下：

$$\boldsymbol{A}=\begin{pmatrix}-4&5\\8&2\\1&3\end{pmatrix}\xrightarrow{2r_1}\begin{pmatrix}-8&10\\8&2\\1&3\end{pmatrix}\xrightarrow{r_2+2r_1}\begin{pmatrix}-8&10\\-8&22\\1&3\end{pmatrix}\xrightarrow{r_2\leftrightarrow r_3}\begin{pmatrix}-8&10\\1&3\\-8&22\end{pmatrix}.$$

第一次行变换将矩阵 **A** 的第一行所有元素乘以常数 2；第二次行变换是将第一行所有元素的 2 倍加到第二行对应元素上；第三次行变换是将第二、三两行元素互换位置.可以根据前面所学的知识，得出 3 次行变换矩阵：

$$\boldsymbol{B}_1=\begin{pmatrix}2&0&0\\0&1&0\\0&0&1\end{pmatrix},\boldsymbol{B}_2=\begin{pmatrix}1&0&0\\2&1&0\\0&0&1\end{pmatrix},\boldsymbol{B}_3=\begin{pmatrix}1&0&0\\0&0&1\\0&1&0\end{pmatrix}.$$

可验算得

$$\begin{aligned}\boldsymbol{B}_3\boldsymbol{B}_2\boldsymbol{B}_1\boldsymbol{A}&=\begin{pmatrix}1&0&0\\0&0&1\\0&1&0\end{pmatrix}\begin{pmatrix}1&0&0\\2&1&0\\0&0&1\end{pmatrix}\begin{pmatrix}2&0&0\\0&1&0\\0&0&1\end{pmatrix}\begin{pmatrix}-4&5\\8&2\\1&3\end{pmatrix}\\&=\begin{pmatrix}2&0&0\\0&0&1\\4&1&0\end{pmatrix}\begin{pmatrix}-4&5\\8&2\\1&3\end{pmatrix}=\begin{pmatrix}-8&10\\1&3\\-8&22\end{pmatrix}.\end{aligned}$$

3 个连续列变换如下：

$$\boldsymbol{A}=\begin{pmatrix}-4&5\\8&2\\1&3\end{pmatrix}\xrightarrow{2c_1}\begin{pmatrix}-8&5\\16&2\\2&3\end{pmatrix}\xrightarrow{c_2+2c_1}\begin{pmatrix}-8&-11\\16&34\\2&7\end{pmatrix}\xrightarrow{c_1\leftrightarrow c_2}\begin{pmatrix}-11&-8\\34&16\\7&2\end{pmatrix}.$$

可根据前面所学的知识，得出 3 次列变换矩阵：

$$\boldsymbol{C}_1=\begin{pmatrix}2&0\\0&1\end{pmatrix},\boldsymbol{C}_2=\begin{pmatrix}1&2\\0&1\end{pmatrix},\boldsymbol{C}_3=\begin{pmatrix}0&1\\1&0\end{pmatrix}.$$

验算得

$$\boldsymbol{A}\boldsymbol{C}_1\boldsymbol{C}_2\boldsymbol{C}_3=\begin{pmatrix}-4&5\\8&2\\1&3\end{pmatrix}\begin{pmatrix}2&0\\0&1\end{pmatrix}\begin{pmatrix}1&2\\0&1\end{pmatrix}\begin{pmatrix}0&1\\1&0\end{pmatrix}=\begin{pmatrix}-4&5\\8&2\\1&3\end{pmatrix}\begin{pmatrix}4&2\\1&0\end{pmatrix}=\begin{pmatrix}-11&-8\\34&16\\7&2\end{pmatrix}.$$

提示　根据矩阵乘法的性质，$\boldsymbol{B}_1\boldsymbol{B}_2\boldsymbol{B}_3$ 与 $(\boldsymbol{B}_1\boldsymbol{B}_2)\boldsymbol{B}_3$，$\boldsymbol{B}_1(\boldsymbol{B}_2\boldsymbol{B}_3)$ 计算结果相同，但与 $\boldsymbol{B}_3\boldsymbol{B}_2\boldsymbol{B}_1$ 不同，需注意区分.

通过对矩阵进行初等行变换可得行阶梯形矩阵，进而可得矩阵的秩、解线性方程组等.

5 行阶梯形矩阵

行阶梯形矩阵就是指矩阵所有的行就像一级一级的楼梯.行阶梯形矩阵须满足以下条件：

(1) 全 0 的行向量都在矩阵的最下方；

(2) 从上至下看矩阵的每一个行向量，从左起，行向量出现 0 的个数严格递增.

例如，下列矩阵均为行阶梯形矩阵：

① $\begin{pmatrix} 1 & 0 & -1 \\ 0 & 2 & 4 \\ 0 & 0 & 3 \end{pmatrix}$　阶梯

② $\begin{pmatrix} 0 & 1 & 2 & -4 \\ 0 & 0 & 0 & 7 \\ 0 & 0 & 0 & 0 \end{pmatrix}$　阶梯

③ $\begin{pmatrix} 1 & 1 & 0 & 2 \\ 0 & 1 & -1 & -3 \\ 0 & 0 & 6 & 8 \end{pmatrix}$　阶梯

④ $\begin{pmatrix} 3 & 4 & 0 & 5 & 7 \\ 0 & 1 & 3 & 2 & 8 \\ 0 & 0 & 0 & 0 & 7 \\ 0 & 0 & 0 & 0 & 0 \end{pmatrix}$　阶梯

以行阶梯形矩阵④为例，阶梯以下的元素值全部是 0；每层从左往右的阶梯的第一个元素为非 0，若是 0，则阶梯的形状就会有所变化.

6 行最简形矩阵

在行阶梯形矩阵中有一种特殊的矩阵称为行最简形矩阵.行最简形矩阵需要满足以下条件：

(1) 阶梯台阶边的第一个元素为 1；

(2) 阶梯台阶边的第一列中除第一个元素为 1 外，其他元素均为 0.

例如，下列矩阵均为行最简形矩阵：

① $\begin{pmatrix} 1 & 0 & -1 \\ 0 & 1 & 2 \\ 0 & 0 & 0 \end{pmatrix}$

② $\begin{pmatrix} 1 & 0 & 0 & 1 \\ 0 & 1 & 0 & 1 \\ 0 & 0 & 1 & 2 \end{pmatrix}$

③ $\begin{pmatrix} 1 & 0 & 0 & 5 & 0 \\ 0 & 1 & 3 & 2 & 0 \\ 0 & 0 & 0 & 0 & 1 \\ 0 & 0 & 0 & 0 & 0 \end{pmatrix}$

（图中标注：其他元素；台阶边的第一个元素）

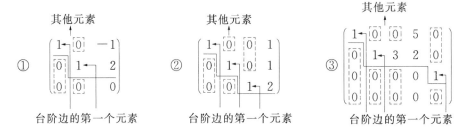

基础训练

1 用初等行变换把下列矩阵化为行最简形矩阵.

(1) $\begin{pmatrix} 3 & -1 & 5 \\ 1 & -1 & 2 \\ 1 & -2 & -1 \end{pmatrix}$.　　(2) $\begin{pmatrix} 1 & 3 & 4 \\ 2 & 5 & 9 \\ 3 & 7 & 14 \end{pmatrix}$.

(3) $\begin{pmatrix} 1 & -1 & 3 \\ 3 & -3 & 5 \\ 2 & -2 & 2 \end{pmatrix}$.　　(4) $\begin{pmatrix} 1 & 2 & 3 \\ 2 & 4 & 6 \\ 3 & 6 & 9 \end{pmatrix}$.

强化训练

1 用初等行变换把下列矩阵化为行最简形矩阵.

(1) $\begin{pmatrix} 2 & -1 & -1 & 1 \\ 1 & 1 & -2 & 1 \\ 4 & -6 & 2 & -2 \end{pmatrix}$.　　(2) $\begin{pmatrix} 1 & 2 & 3 & 4 \\ 2 & 3 & 4 & 5 \\ 5 & 4 & 3 & 2 \end{pmatrix}$.

(3) $\begin{pmatrix}1 & 0 & 2 & -1\\ 2 & 0 & 3 & 1\\ 3 & 0 & 4 & 3\end{pmatrix}$.

(4) $\begin{pmatrix}0 & 2 & -3 & 1\\ 0 & 3 & -4 & 3\\ 0 & 4 & -7 & -1\end{pmatrix}$.

(5) $\begin{pmatrix}3 & -2 & 0 & -1\\ 0 & 2 & 2 & 1\\ 1 & -2 & -3 & -2\\ 0 & 1 & 2 & 1\end{pmatrix}$.

(6) $\begin{pmatrix}1 & 1 & 2 & 2\\ 0 & 2 & 1 & 5\\ 2 & 0 & 3 & -1\\ 1 & 1 & 0 & 4\end{pmatrix}$.

(7) $\begin{pmatrix}1 & -1 & 3 & -4 & 3\\ 3 & -3 & 5 & -4 & 1\\ 2 & -2 & 3 & -2 & 0\\ 3 & -3 & 4 & -2 & -1\end{pmatrix}$.

(8) $\begin{pmatrix}2 & 3 & 1 & -3 & -7\\ 1 & 2 & 0 & -2 & -4\\ 3 & -2 & 8 & 3 & 0\\ 2 & -3 & 7 & 4 & 3\end{pmatrix}$.

§ 2.2 矩阵的秩

矩阵的秩是矩阵的一个重要数值特征，是线性代数中的一个重要概念.矩阵的秩通常用字母“r”表示，其是英文“rank”的缩写.为了建立矩阵的秩($r(\boldsymbol{A})$)的概念，需先了解矩阵的子式的定义.

1 k 阶子式

在 $m\times n$ 矩阵 $\boldsymbol{A}$ 中，位于任意取定的 k 行和 k 列($1\leqslant k\leqslant \min\{m,n\}$)交叉点上的 k^2 个元素，按原来的相应位置组成的 k 阶行列式，称为矩阵 $\boldsymbol{A}$ 的一个 k 阶子式.

例如，在矩阵

$$\boldsymbol{A}=\begin{pmatrix}3 & \boxed{2} & -1 & \boxed{-3}\\ 2 & \boxed{-1} & 3 & \boxed{1}\\ 4 & 5 & -5 & -6\end{pmatrix}$$

中，取第一、二行和第二、四列交叉点上的元素，组成的二阶行列式

$$D_{2\times 2}=\begin{vmatrix}2 & -3\\ -1 & 1\end{vmatrix}$$

为 $\boldsymbol{A}$ 的一个二阶子式.有了子式的概念，可以进一步学习秩的定义.

2 秩的定义

设在矩阵 $\boldsymbol{A}$ 中有一个不等于 0 的 r 阶子式 $D_{r\times r}$，且没有不等于 0 的 $r+1$ 阶子式，那么 $D_{r\times r}$ 称为 $\boldsymbol{A}$ 的最高阶非零子式，阶数 r 称为矩阵 $\boldsymbol{A}$ 的秩，记作 $r(\boldsymbol{A})$.

根据矩阵秩的定义，我们应该能理解以下几点：

① 零矩阵的秩等于零，即非零矩阵 $\boldsymbol{A}$ 的秩 $r(\boldsymbol{A})\geqslant 1$；

② 矩阵 $\boldsymbol{A}$ 的秩 $r(\boldsymbol{A})\geqslant r$ 的充要条件是 $\boldsymbol{A}$ 有一个 r 阶子式不为零；

③ 矩阵 $\boldsymbol{A}$ 的秩 $r(\boldsymbol{A})\leqslant r$ 的充要条件是 $\boldsymbol{A}$ 的所有 $r+1$ 阶子式全为零；

④ 矩阵 $\boldsymbol{A}$ 的秩 $r(\boldsymbol{A})$ 是唯一的，但其最高阶非零子式一般不唯一；

⑤ 对于 $m\times n$ 矩阵 $\boldsymbol{A}$ 的秩 $r(\boldsymbol{A})$，满足 $r(\boldsymbol{A})\leqslant \min(m,n)$；

⑥ 若 $\boldsymbol{A}$ 为 $n\times n$ 方阵且 $r(\boldsymbol{A})=n\Leftrightarrow|\boldsymbol{A}|\neq 0$.

现举例说明利用定义求矩阵的秩.

例 1　求矩阵 $\boldsymbol{A}=\begin{pmatrix}3 & 1 & 0 & 2\\ 1 & -1 & 2 & -1\\ 1 & 3 & -4 & 4\end{pmatrix}$ 的秩.

解　矩阵 $\boldsymbol{A}$ 有 12 个一阶子式.由第二行、第二列交叉点上元素构成的一阶子式 $D_{1\times 1}=|-1|=-1\neq 0$.

再看 $\boldsymbol{A}$ 的二阶子式，可知 $\boldsymbol{A}$ 有 $C_3^2C_4^2=3\times 6=18$ 个二阶子式，其中由第一、二行和第一、二列交叉点上元素构成的二阶子式

$$\begin{vmatrix} 3 & 1 \\ 1 & -1 \end{vmatrix} = -4 \neq 0.$$

最后，再考查 $\boldsymbol{A}$ 的三阶子式.$\boldsymbol{A}$ 的 4 个三阶子式分别为

$$\begin{vmatrix} 3 & 1 & 0 \\ 1 & -1 & 2 \\ 1 & 3 & -4 \end{vmatrix} = 0, \quad \begin{vmatrix} 3 & 1 & 2 \\ 1 & -1 & -1 \\ 1 & 3 & 4 \end{vmatrix} = 0,$$

$$\begin{vmatrix} 3 & 0 & 2 \\ 1 & 2 & -1 \\ 1 & -4 & 4 \end{vmatrix} = 0, \quad \begin{vmatrix} 1 & 0 & 2 \\ -1 & 2 & -1 \\ 3 & -4 & 4 \end{vmatrix} = 0.$$

故由定义知矩阵 $\boldsymbol{A}$ 的秩 $r(\boldsymbol{A})=2$.

通过该例子不难发现，利用定义来判断矩阵 $\boldsymbol{A}$ 的秩是很困难的.在实际应用中，通常对矩阵 $\boldsymbol{A}$ 进行初等变换(一般用初等行变换较多，将矩阵 $\boldsymbol{A}$ 化为行阶梯形矩阵)，通过阶梯个数来判断矩阵 $\boldsymbol{A}$ 的秩 $r(\boldsymbol{A})$.

3 矩阵秩的计算

在利用初等变换计算矩阵的秩之前，应先理解下面这个定理.

定理 初等变换不改变矩阵的秩.

通常我们对矩阵 $\boldsymbol{A}$ 进行初等变换，将 $\boldsymbol{A}$ 化为行阶梯形矩阵，其行阶梯的台阶数(或台阶边的第一个元素的个数)就是矩阵 $\boldsymbol{A}$ 的秩 $r(\boldsymbol{A})$.

基础训练

1 求下列矩阵的秩，并求一个最高阶非零子式.

(1) $\begin{pmatrix} 0 & 2 & 1 \\ 2 & -1 & 3 \\ -3 & 3 & -4 \end{pmatrix}$.

(2) $\begin{pmatrix} 1 & 2 & 4 \\ 3 & 6 & 12 \\ 2 & 4 & 8 \end{pmatrix}$.

(3) $\begin{pmatrix} 3 & 1 & 0 & 2 \\ 1 & -1 & 2 & -1 \\ 1 & 3 & -4 & 4 \end{pmatrix}$.

(4) $\begin{pmatrix} 3 & 2 & -1 & -3 & -1 \\ 2 & -1 & 3 & 1 & -3 \\ 7 & 0 & 5 & -1 & -8 \end{pmatrix}$.

(5) $\begin{pmatrix} 2 & 1 & 8 & 3 & 7 \\ 2 & -3 & 0 & 7 & -5 \\ 3 & -2 & 5 & 8 & 0 \\ 1 & 0 & 3 & 2 & 0 \end{pmatrix}$.

强化训练

1 设矩阵 $\boldsymbol{A}=\begin{pmatrix} 1 & 1 & -2 & 3 & 0 \\ 2 & 1 & -6 & 4 & -1 \\ 3 & 2 & a & 7 & -1 \\ 1 & -1 & -6 & -1 & b \end{pmatrix}$,求 $\boldsymbol{A}$ 的秩 $r(\boldsymbol{A})$.

2 设矩阵 $\boldsymbol{A}=\begin{pmatrix}1 & -2 & 3k \\ -1 & 2k & -3 \\ k & -2 & 3\end{pmatrix}$,问 k 为何值,可使

(1) $r(\boldsymbol{A})=1$? (2) $r(\boldsymbol{A})=2$? (3) $r(\boldsymbol{A})=3$?

3 求 $n(n\geqslant 3)$阶矩阵 $\boldsymbol{A}=\begin{pmatrix}1 & a & a & \cdots & a \\ a & 1 & a & \cdots & a \\ a & a & 1 & \cdots & a \\ \vdots & \vdots & \vdots & & \vdots \\ a & a & a & \cdots & 1\end{pmatrix}_{n\times n}$ 的秩.

§ 2.3 可逆矩阵

在数的运算中，对于数 $a(a\neq 0)$ 有 $aa^{-1}=a^{-1}a=1$.在矩阵乘法中，单位矩阵 $\boldsymbol{E}$ 相当于数的乘法运算中的 1.那么对于一个矩阵 $\boldsymbol{A}$，能否找到一个与 a^{-1} 地位类似的矩阵 $\boldsymbol{A}^{-1}$，使 $\boldsymbol{AA}^{-1}=\boldsymbol{A}^{-1}\boldsymbol{A}=\boldsymbol{E}$ 成立呢？答案是肯定成立的.

1 可逆矩阵定义

设 $\boldsymbol{A}$ 是 n 阶方阵，如果存在一个 n 阶方阵 $\boldsymbol{B}$，满足

$$\boldsymbol{AB}=\boldsymbol{BA}=\boldsymbol{E},$$

则称 $\boldsymbol{A}$ 为可逆矩阵，并称 $\boldsymbol{B}$ 为 $\boldsymbol{A}$ 的逆矩阵，记作 $\boldsymbol{B}=\boldsymbol{A}^{-1}$.

初学逆矩阵定义，我们应该注意以下几点：

① 可逆矩阵一定是方阵，但方阵不一定可逆，且 $\boldsymbol{A}^{-1}$ 不能写作 $\dfrac{1}{\boldsymbol{A}}$.

② 可逆矩阵 $\boldsymbol{A}$ 及其逆矩阵 $\boldsymbol{B}$ 是同阶方阵.

③ 当 $\boldsymbol{AB}=\boldsymbol{BA}=\boldsymbol{E}$ 时，$\boldsymbol{A}$ 与 $\boldsymbol{B}$ 的地位是平等的，故也称 $\boldsymbol{A}$ 是 $\boldsymbol{B}$ 的逆矩阵.

④ 由定义 $\boldsymbol{AB}=\boldsymbol{BA}=\boldsymbol{E}$ 知 $|\boldsymbol{AB}|=|\boldsymbol{BA}|=|\boldsymbol{E}|$，则 $|\boldsymbol{A}||\boldsymbol{B}|=1$，于是有 $|\boldsymbol{A}|\neq 0$ 且 $|\boldsymbol{B}|\neq 0$，等价于方阵 $\boldsymbol{A}$ 与 $\boldsymbol{B}$ 均满秩，即 $r(\boldsymbol{A})=r(\boldsymbol{B})=n$.

⑤ 若 $\boldsymbol{A}$ 为可逆矩阵，则 $\boldsymbol{A}$ 的逆矩阵 $\boldsymbol{B}$ 是唯一的.

2 初等行变换求逆矩阵

初等行变换求逆矩阵法又称为高斯-若尔当(Gauss-Jordan)消元法.这种方法的思路是：先将矩阵 $\boldsymbol{A}$ 和单位矩阵 $\boldsymbol{E}$ 组合成增广矩阵，再通过不断做初等行变换，最终将增广矩阵中原来的矩阵 $\boldsymbol{A}$ 变成单位矩阵，原来的矩阵 $\boldsymbol{E}$ 就变成 $\boldsymbol{A}$ 的逆矩阵 $\boldsymbol{A}^{-1}$.

用矩阵可表示为

$$(\boldsymbol{A}\mid\boldsymbol{E})\xrightarrow{\text{初等行变换}}(\boldsymbol{E}\mid\boldsymbol{A}^{-1}).$$

例 1　求矩阵 $\boldsymbol{A}=\begin{pmatrix}1&3\\2&7\end{pmatrix}$ 的逆矩阵.

解　$$(\boldsymbol{A}\mid\boldsymbol{E})=\left(\begin{array}{cc|cc}1&3&1&0\\2&7&0&1\end{array}\right)\xrightarrow{r_2-2r_1}\left(\begin{array}{cc|cc}1&3&1&0\\0&1&-2&1\end{array}\right)\xrightarrow{r_1-3r_2}\left(\begin{array}{cc|cc}1&0&7&-3\\0&1&-2&1\end{array}\right).$$

$$\underbrace{\qquad}_{\boldsymbol{E}}\qquad\underbrace{\qquad}_{\boldsymbol{A}^{-1}}$$

由此，得到 $\boldsymbol{A}$ 的逆矩阵

$$\boldsymbol{A}^{-1}=\begin{pmatrix}7&-3\\-2&1\end{pmatrix}.$$

那么，为什么将原增广矩阵 $(\boldsymbol{A}\mid\boldsymbol{E})$ 中的 $\boldsymbol{A}$ 经过初等行变换成单位矩阵 $\boldsymbol{E}$，原增广矩阵 $(\boldsymbol{A}\mid\boldsymbol{E})$ 中的 $\boldsymbol{E}$ 就变换成 $\boldsymbol{A}$ 的逆矩阵 $\boldsymbol{A}^{-1}$？通俗讲就是

$$(\boldsymbol{A}\mid\boldsymbol{E})\xrightarrow{\text{初等行变换}}(\boldsymbol{E}\mid\boldsymbol{A}^{-1})$$

为什么成立?

若方阵 $\boldsymbol{A}$ 可逆,可知方阵 $\boldsymbol{A}$ 为满秩矩阵,则方阵 $\boldsymbol{A}$ 一定可以通过有限次的初等行变换化成行最简形矩阵(此时方阵 $\boldsymbol{A}$ 的行最简形矩阵为单位矩阵 $\boldsymbol{E}$).由初等变换知识可知,要对 $\boldsymbol{A}$ 做初等行变换,可通过对 $\boldsymbol{A}$ 左乘变换矩阵来实现.

假如对方阵 $\boldsymbol{A}$ 进行 s 次初等行变换可将方阵 $\boldsymbol{A}$ 化为单位矩阵 $\boldsymbol{E}$,其中将 s 次变换矩阵记为 $\boldsymbol{P}_1,\boldsymbol{P}_2,\cdots,\boldsymbol{P}_s$,于是有

$$\boldsymbol{P}_s\cdots\boldsymbol{P}_2\boldsymbol{P}_1\boldsymbol{A}=\boldsymbol{E},$$

令 $\boldsymbol{B}=\boldsymbol{P}_s\cdots\boldsymbol{P}_2\boldsymbol{P}_1$,则 $\boldsymbol{BA}=\boldsymbol{E}$,所以 $\boldsymbol{A}^{-1}=\boldsymbol{B}$($\boldsymbol{B}$ 为 $\boldsymbol{A}$ 的逆矩阵).

对于增广矩阵$(\boldsymbol{A}\mid\boldsymbol{E})\xrightarrow{\text{初等行变换}}$可以写成矩阵乘法

$$(\boldsymbol{P}_s\cdots\boldsymbol{P}_2\boldsymbol{P}_1)(\boldsymbol{A}\mid\boldsymbol{E})=\boldsymbol{B}(\boldsymbol{A}\mid\boldsymbol{E})=(\boldsymbol{BA}\mid\boldsymbol{B})=(\boldsymbol{E}\mid\boldsymbol{A}^{-1}),$$

故$(\boldsymbol{A}\mid\boldsymbol{E})\xrightarrow{\text{初等行变换}}(\boldsymbol{E}\mid\boldsymbol{A}^{-1})$得证.

通过上面的证明,我们已经理解了用初等行变换可求可逆矩阵 $\boldsymbol{A}$ 的逆矩阵 $\boldsymbol{A}^{-1}$.那么,以此类推,我们能利用初等列变换求 $\boldsymbol{A}^{-1}$吗?答案是肯定成立的,其原理如下:

由于初等列变换右乘变换矩阵 $\boldsymbol{B}$,令 $\boldsymbol{B}=\boldsymbol{P}_s\cdots\boldsymbol{P}_2\boldsymbol{P}_1$ 且 $\boldsymbol{A}^{-1}=\boldsymbol{B}$,则

$$\begin{pmatrix}\boldsymbol{A}\\ \hdashline \boldsymbol{E}\end{pmatrix}\xrightarrow{\text{初等列变换}}\begin{pmatrix}\boldsymbol{AB}\\ \hdashline \boldsymbol{B}\end{pmatrix}=\begin{pmatrix}\boldsymbol{E}\\ \hdashline \boldsymbol{A}^{-1}\end{pmatrix}$$

注　在实际应用中,初等行变换应用得更加广泛,能解决线性代数中大部分求解问题,例如下节将介绍的解线性方程组,只能用初等行变换求解.所以,同学们对初等列变换只需理解并会基本应用即可,没必要在此花大量时间学习.

基础训练

1 利用初等行变换求下列初等矩阵的逆矩阵.

(1) $\boldsymbol{E}_{12}=\begin{pmatrix}0&1&0\\1&0&0\\0&0&1\end{pmatrix}$.

(2) $\boldsymbol{E}_2(3)=\begin{pmatrix}1&0&0\\0&3&0\\0&0&1\end{pmatrix}$.

(3) $\boldsymbol{E}_{12}(5)=\begin{pmatrix}1&5&0\\0&1&0\\0&0&1\end{pmatrix}$.

(4) $$\boldsymbol{E}_{ij}=\begin{pmatrix}1&&&&&&&&&\\&\ddots&&&&&&&&\\&&1&&&&&&&\\&&&0&0&\cdots&0&1&&&\\&&&0&1&\cdots&0&0&&&\\&&&\vdots&\vdots&\ddots&\vdots&\vdots&&&\\&&&0&0&\cdots&1&0&&&\\&&&1&0&\cdots&0&0&&&\\&&&&&&&&1&&\\&&&&&&&&&\ddots&\\&&&&&&&&&&1\end{pmatrix}\begin{matrix}\\\\\\\leftarrow i\\\\\\\\\leftarrow j\\\\\\\\\end{matrix}.$$

(5) $\boldsymbol{E}_i(k)=\begin{pmatrix}1 & & & & & & \\ & \ddots & & & & & \\ & & 1 & & & & \\ & & & k & & & \\ & & & & 1 & & \\ & & & & & \ddots & \\ & & & & & & 1\end{pmatrix}\leftarrow i.$

(6) $\boldsymbol{E}_{ij}(k)=\begin{pmatrix}1 & & & & & \\ & \ddots & & & & \\ & & 1 & k & & \\ & & & \ddots & & \\ & & & & 1 & \\ & & & & & \ddots & \\ & & & & & & 1\end{pmatrix}\begin{matrix}\\ \\ \leftarrow i \\ \\ \leftarrow j \\ \\ \\ \end{matrix}.$

小贴士

通过初等行变换可知，初等矩阵都是可逆矩阵，且其逆矩阵为同类型的初等矩阵，即

① $\boldsymbol{E}_{ij}^{-1}=\boldsymbol{E}_{ij}$；

② $\boldsymbol{E}_{i}^{-1}(k)=\boldsymbol{E}_{i}\left(\frac{1}{k}\right)$；

③ $\boldsymbol{E}_{ij}^{-1}(k)=\boldsymbol{E}_{ij}(-k)$.

强化训练

1 利用初等行变换求下列方阵的逆矩阵.

(1) $\boldsymbol{A}=\begin{pmatrix}1 & 2\\ 2 & 5\end{pmatrix}$.

(2) $\boldsymbol{A}=\begin{pmatrix}1 & 2 & -3\\ 0 & 1 & 2\\ 0 & 0 & 1\end{pmatrix}$.

(3) $\boldsymbol{A}=\begin{pmatrix}3 & 2 & 1\\ 3 & 1 & 5\\ 3 & 2 & 3\end{pmatrix}$.

(4) $\boldsymbol{A}=\begin{pmatrix}1 & 1 & -1\\ 2 & 1 & 0\\ 1 & -1 & 0\end{pmatrix}$.

(5) $\boldsymbol{A}=\begin{pmatrix}1 & 2 & 2\\ 2 & 1 & -2\\ 2 & -2 & 1\end{pmatrix}$.

(6) $\boldsymbol{A}=\begin{pmatrix}2 & 2 & 3\\ 1 & -1 & 0\\ -1 & 2 & 1\end{pmatrix}$.

2 利用初等行变换求下列方阵的逆矩阵.

（1）$\boldsymbol{A}=\begin{pmatrix}3&-2&0&-1\\0&2&2&1\\1&-2&-3&-2\\0&1&2&1\end{pmatrix}$.

（2）$\boldsymbol{A}=\begin{pmatrix}0&0&1&-1\\0&3&1&4\\2&7&6&-1\\1&2&2&-1\end{pmatrix}$.

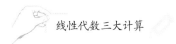

(3) $\boldsymbol{A}=\begin{pmatrix}1 & 1 & 1 & 1\\ 1 & 1 & -1 & -1\\ 1 & -1 & 1 & -1\\ 1 & -1 & -1 & 1\end{pmatrix}$.

(4) $\boldsymbol{A}=\begin{pmatrix}1 & 2 & 3 & 4\\ 2 & 3 & 1 & 2\\ 1 & 1 & 1 & -1\\ 1 & 0 & -2 & -6\end{pmatrix}$.

3 判断矩阵 $\boldsymbol{A}=\begin{pmatrix}1 & -2 & 1\\ 2 & 0 & 1\\ 0 & 4 & -1\end{pmatrix}$是否可逆.

4 设矩阵 $\boldsymbol{A}=\begin{pmatrix}1 & 2 & 3 & 4\\ 2 & 3 & 4 & 5\\ 5 & 4 & 3 & 2\end{pmatrix}$,求一个可逆矩阵 $\boldsymbol{P}$,使 $\boldsymbol{PA}$ 为行最简形矩阵.

5 设矩阵 $\boldsymbol{A}=\begin{pmatrix}-5 & 3 & 1\\ 2 & -1 & 1\end{pmatrix}$.

(1) 求一个可逆矩阵 $\boldsymbol{P}$,使 $\boldsymbol{PA}$ 为行最简形矩阵;

(2) 求一个可逆矩阵 $\boldsymbol{Q}$,使 $\boldsymbol{QA}^{\mathrm{T}}$ 为行最简形矩阵.

6 (1) 设矩阵 $\boldsymbol{A}=\begin{pmatrix}4 & 1 & -2\\ 2 & 2 & 1\\ 3 & 1 & -1\end{pmatrix}$,$\boldsymbol{B}=\begin{pmatrix}1 & -3\\ 2 & 2\\ 3 & -1\end{pmatrix}$,求矩阵 $\boldsymbol{X}$,使 $\boldsymbol{AX}=\boldsymbol{B}$;

(2) 设矩阵 $\boldsymbol{A}=\begin{pmatrix}0 & 2 & 1\\ 2 & -1 & 3\\ -3 & 3 & -4\end{pmatrix}$,$\boldsymbol{B}=\begin{pmatrix}1 & 2 & 3\\ 2 & -3 & 1\end{pmatrix}$,求矩阵 $\boldsymbol{X}$,使 $\boldsymbol{XA}=\boldsymbol{B}$.

7 设矩阵 $\boldsymbol{A}=\begin{pmatrix}1 & -1 & 0\\ 0 & 1 & -1\\ -1 & 0 & 1\end{pmatrix}$,且 $\boldsymbol{AX}=2\boldsymbol{X}+\boldsymbol{A}$,求矩阵 $\boldsymbol{X}$.

§2.4 线性方程组

中学代数研究的中心问题之一是解方程，其中最简单的便是线性(一次)方程及方程组.解方程组之所以重要，是因为一个复杂的实际问题往往可以简化或归结为一个线性方程组.以经典的鸡兔同笼问题为例：

在一个笼子里同时关着鸡和兔，现在发现有8个头、18条腿，请问：笼子里有多少只鸡和多少只兔?

这种题目比较简单，设笼子里有鸡x只，兔y只，因为一只鸡是1个头、2条腿，一只兔是1个头、4条腿，所以可以得出如下方程组：

$$\begin{cases} x+y=8, & ① \\ 2x+4y=18. & ② \end{cases}$$

我们通常使用代入法，由方程①可得$x=8-y$，再代入方程②，可得$x=7$，$y=1$.

这是一个简单的二元一次方程组，如果有更多的未知数，怎么办呢?

例如：方程组$\begin{cases} x+3y+4z=-2, & ① \\ 2x+5y+9z=3, & ② \\ 3x+7y+14z=8, & ③ \\ -y+z=7. & ④ \end{cases}$如何求解?

解这种方程组，我们通常是先逐步消除变元的系数，把原方程组化为容易求解的同解方程组，再回代解此等价方程组，从而得到原方程组的解.该方法称为高斯消元法(Gauss-Elimination).

具体的解法是方程②$-2\times$①，方程③$-3\times$①得

$$\begin{cases} x+3y+4z=-2, & ⑤ \\ -y+z=7, & ⑥ \\ -2y+2z=14, & ⑦ \\ -y+z=7. & ⑧ \end{cases}$$

再将方程⑦$-2\times$⑥，⑧$-$⑥得

$$\begin{cases} x+3y+4z=-2, & ⑨ \\ -y+z=7. & ⑩ \end{cases}$$

为求解方程组的解，将方程⑩改写成$y=z-7$，代入方程⑨得$x=-7z+19$，于是有

$$\begin{cases} x=-7z+19, \\ y=z-7, \end{cases}$$

其中z可以任意取值，我们称z为自由未知量.由于z可以任意取值，所以该方程组有无穷多解.

这个例子说明：在解多元方程组的过程中，我们总要先通过一些变换，将方程组化为容易求解的同解方程组，其中的变换就是初等行变换.因此，高斯消元法的过程

就是反复实施初等行变换的过程，且总是将方程组变成同解方程组.

进一步讨论上述方程组，可将方程组用矩阵表示为

$$\begin{pmatrix}1&3&4\\2&5&9\\3&7&14\\0&-1&1\end{pmatrix}\begin{pmatrix}x\\y\\z\end{pmatrix}=\begin{pmatrix}-2\\3\\8\\7\end{pmatrix},$$

即可表示为 $\boldsymbol{Ax}=\boldsymbol{b}$ 的形式，其中 $\boldsymbol{x}$ 与 $\boldsymbol{b}$ 分别为列向量，我们可对矩阵进行初等行变换来求方程组的解.接下来，分别讨论齐次线性方程组与非齐次线性方程组的情况.

1 齐次线性方程组

齐次线性方程组是 $\boldsymbol{Ax}=\boldsymbol{b}$ 的特殊情形，其特征是列向量 $\boldsymbol{b}$ 为零向量.因此，齐次线性方程组可写为 $\boldsymbol{Ax}=\boldsymbol{0}$.

从齐次线性方程组的表达式 $\boldsymbol{Ax}=\boldsymbol{0}$ 可以看出，这个方程组至少有一个解，即 $\boldsymbol{x}=\boldsymbol{0}$ 向量，也称为齐次线性方程组的零解.若方程组中的未知数个数比有效方程个数多时，齐次线性方程组有非零解.其中，有效方程个数可以用矩阵的秩表示.因此，我们可以利用矩阵秩的情况来判断齐次线性方程组 $\boldsymbol{Ax}=\boldsymbol{0}$ 解的情况.

若方程组中未知数有 n 个，即 $\boldsymbol{Ax}=\boldsymbol{0}$ 中矩阵满秩时，$r(\boldsymbol{A})=n$，则

① $r(\boldsymbol{A})=n\Leftrightarrow\boldsymbol{Ax}=\boldsymbol{0}$ 只有零解.

② $r(\boldsymbol{A})<n\Leftrightarrow\boldsymbol{Ax}=\boldsymbol{0}$ 有非零解.

其中 $\boldsymbol{Ax}=\boldsymbol{0}$ 存在非零解时，基础解系个数为 $s=n-r(\boldsymbol{A})$.

进一步讨论，如果方程个数与未知数个数相同，即 $\boldsymbol{Ax}=\boldsymbol{0}$ 中矩阵 $\boldsymbol{A}$ 为 $n\times n$ 阶方阵，那么

③ $|\boldsymbol{A}|\neq 0\Leftrightarrow$方阵 $\boldsymbol{A}$ 可逆$\Leftrightarrow r(\boldsymbol{A})=n\Leftrightarrow\boldsymbol{Ax}=\boldsymbol{0}$ 只有零解.

④ $|\boldsymbol{A}|=0\Leftrightarrow$方阵 $\boldsymbol{A}$ 不可逆$\Leftrightarrow r(\boldsymbol{A})<n\Leftrightarrow\boldsymbol{Ax}=\boldsymbol{0}$ 有非零解.

下面举例说明求解齐次线性方程组的方法.

例 1　(1) 求齐次方程组 $\begin{cases}x_1+x_2+x_3=0,\\2x_1+x_2-2x_3=0,\\x_1+x_2+4x_3=0\end{cases}$ 的通解.

解　对系数矩阵做初等行变换：

$$\boldsymbol{A}=\begin{pmatrix}1&1&1\\2&1&-2\\1&1&4\end{pmatrix}\xrightarrow[r_3-r_2]{r_2-2r_1}\begin{pmatrix}1&1&1\\0&-1&-4\\0&0&3\end{pmatrix}.$$

此时，$r(\boldsymbol{A})=3$ 满秩，则 $\boldsymbol{Ax}=\boldsymbol{0}$ 只有零解.

(2) 求齐次方程组 $\begin{cases}x_1+x_2+x_3=0,\\2x_1+x_2-2x_3=0\end{cases}$ 的通解.此时

$$\boldsymbol{A}=\begin{pmatrix}1&1&1\\2&1&-2\end{pmatrix}\xrightarrow{r_2-2r_1}\begin{pmatrix}1&1&1\\0&-1&-4\end{pmatrix}\xrightarrow[r_2\times(-1)]{r_1+r_2}\begin{pmatrix}1&0&-3\\0&1&4\end{pmatrix},$$

得到同解方程组

$$\begin{cases}x_1=-3x_3,\\x_2=4x_3,\end{cases}$$

得到其解$\begin{pmatrix}x_1\\x_2\\x_3\end{pmatrix}=\begin{pmatrix}-3x_3\\4x_3\\x_3\end{pmatrix}=x_3\begin{pmatrix}-3\\4\\1\end{pmatrix}$.我们只需对自由变量 x_3 赋值,令 $x_3=1$,则 $x_2=4,x_1=-3$.此时我们称 $\boldsymbol{\alpha}_1=\begin{pmatrix}-3\\4\\1\end{pmatrix}$为方程组的基础解系,其中基础解系个数为 $s=n-r(\boldsymbol{A})=3-2=1$.$\boldsymbol{Ax}=\boldsymbol{0}$ 的通解为 $\boldsymbol{x}=k_1\boldsymbol{\alpha}_1$,其中 k_1 为任意数.

(3) 求齐次方程 $x_1+x_2+x_3=0$ 的解.

此时 $\boldsymbol{A}=(1\quad 1\quad 1)$,$r(\boldsymbol{A})=1$.

得到同解方程为 $x_1=-x_2-x_3$,且解$\begin{pmatrix}x_1\\x_2\\x_3\end{pmatrix}=\begin{pmatrix}-x_2-x_3\\x_2\\x_3\end{pmatrix}=x_2\begin{pmatrix}-1\\1\\0\end{pmatrix}+x_3\begin{pmatrix}-1\\0\\1\end{pmatrix}$,我们只需对两个自变量 x_2,x_3 依次赋值.为确保基础解系线性无关,可依次令 $x_2=0$,$x_3=1$ 和 $x_2=1,x_3=0$.此时基础解系为

$$\boldsymbol{\alpha}_1=\begin{pmatrix}-1\\0\\1\end{pmatrix},\boldsymbol{\alpha}_2=\begin{pmatrix}-1\\1\\0\end{pmatrix},$$

且基础解系个数为 $s=3-1=2$,则 $\boldsymbol{Ax}=\boldsymbol{0}$ 的通解为 $\boldsymbol{x}=k_1\boldsymbol{\alpha}_1+k_2\boldsymbol{\alpha}_2$,其中 k_1,k_2 为任意数.

2 非齐次线性方程组

非齐次线性方程组是指列向量 $\boldsymbol{b}$ 不是零向量,即 $\boldsymbol{Ax}=\boldsymbol{b}$,其解的情况需从矩阵 $\boldsymbol{A}$ 的秩与增广矩阵$(\boldsymbol{A}\mid\boldsymbol{b})$的秩来判断.

① $r(\boldsymbol{A})\neq r(\boldsymbol{A}\mid\boldsymbol{b})\Leftrightarrow\boldsymbol{Ax}=\boldsymbol{b}$ 无解.

② $r(\boldsymbol{A})=r(\boldsymbol{A}\mid\boldsymbol{b})<n\Leftrightarrow\boldsymbol{Ax}=\boldsymbol{b}$ 有无穷多解.

③ $r(\boldsymbol{A})=r(\boldsymbol{A}\mid\boldsymbol{b})=n\Leftrightarrow\boldsymbol{Ax}=\boldsymbol{b}$ 有唯一解.

若系数矩阵 $\boldsymbol{A}$ 相同,可将齐次线性方程组 $\boldsymbol{Ax}=\boldsymbol{0}$ 看作非齐次线性方程组$\boldsymbol{Ax}=\boldsymbol{b}$ 的导出组.因此,在求解非齐次线性方程组的通解时,可以看成求齐次线性方程组的通解与非齐次线性方程组任意一个特解的线性组合,即

$$\underline{\boldsymbol{Ax}=\boldsymbol{b}\text{ 的通解}}=\underline{\boldsymbol{Ax}=\boldsymbol{0}\text{ 的通解}}+\underline{\boldsymbol{Ax}=\boldsymbol{b}\text{ 的任意一个特解}}.$$

所以,在求 $\boldsymbol{Ax}=\boldsymbol{b}$ 的通解时,只需在求 $\boldsymbol{Ax}=\boldsymbol{0}$ 的基础解系的基础上,再求 $\boldsymbol{Ax}=\boldsymbol{b}$ 的一个特解即可.

下面我们举例求解非齐次线性方程组的特解.

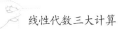

例 2　求非齐次线性方程组$\begin{cases} x_1-x_2+x_3-x_4=1, \\ x_1-x_2-x_3+x_4=0, \\ x_1-x_2-2x_3+2x_4=-\dfrac{1}{2} \end{cases}$的一个特解.

解　$$(\boldsymbol{A} \mid \boldsymbol{b})=\left(\begin{array}{cccc|c} 1 & -1 & 1 & -1 & 1 \\ 1 & -1 & -1 & 1 & 0 \\ 1 & -1 & -2 & 2 & -\dfrac{1}{2} \end{array}\right) \xrightarrow[r_3-r_1]{r_2-r_1} \left(\begin{array}{cccc|c} 1 & -1 & 1 & -1 & 1 \\ 0 & 0 & -2 & 2 & -1 \\ 0 & 0 & -3 & 3 & -\dfrac{3}{2} \end{array}\right)$$

$$\xrightarrow[r_3\times\left(-\frac{1}{3}\right)]{r_2\times\left(-\frac{1}{2}\right)} \left(\begin{array}{cccc|c} 1 & -1 & 1 & -1 & 1 \\ 0 & 0 & 1 & -1 & \dfrac{1}{2} \\ 0 & 0 & 1 & -1 & \dfrac{1}{2} \end{array}\right) \xrightarrow[r_1-r_2]{r_3-r_2} \left(\begin{array}{cccc|c} 1 & -1 & 0 & 0 & \dfrac{1}{2} \\ 0 & 0 & 1 & -1 & \dfrac{1}{2} \\ 0 & 0 & 0 & 0 & 0 \end{array}\right),$$

得同解方程组

$$\begin{cases} x_1=\dfrac{1}{2}+x_2, \\ x_3=\dfrac{1}{2}+x_4, \end{cases}$$

x_2, x_4 为自由变量.为了简单起见,一般令自由变量同时为 0,即 $x_2=x_4=0$,所以 $\boldsymbol{Ax}=\boldsymbol{b}$ 的一个特解为

$$\boldsymbol{\beta}_1=\begin{pmatrix} \dfrac{1}{2} \\ 0 \\ \dfrac{1}{2} \\ 0 \end{pmatrix}.$$

基础训练

1 求解下列齐次线性方程组.

(1) $\begin{cases} x_1+x_2+2x_3-x_4=0, \\ 2x_1+x_2+x_3-x_4=0, \\ 2x_1+2x_2+x_3+2x_4=0, \end{cases}$

(2) $\begin{cases} x_1+2x_2+x_3-x_4=0, \\ 3x_1+6x_2-x_3-3x_4=0, \\ 5x_1+10x_2+x_3-5x_4=0. \end{cases}$

(3) $\begin{cases} 2x_1+3x_2-x_3-7x_4=0, \\ 3x_1+x_2+2x_3-7x_4=0, \\ 4x_1+x_2-3x_3+6x_4=0, \\ x_1-2x_2+5x_3-5x_4=0. \end{cases}$

(4) $\begin{cases} 3x_1+4x_2-5x_3+7x_4=0, \\ 2x_1-3x_2+3x_3-2x_4=0, \\ 4x_1+11x_2-13x_3+16x_4=0, \\ 7x_1-2x_2+x_3+3x_4=0. \end{cases}$

2 求解下列非齐次线性方程组.

(1) $\begin{cases} 4x_1+2x_2-x_3=2, \\ 3x_1-x_2+2x_3=10, \\ 11x_1+3x_2=8. \end{cases}$

(2) $\begin{cases} 2x_1+3x_2+x_3=4, \\ x_1-2x_2+4x_3=-5, \\ 3x_1+8x_2-2x_3=13, \\ 4x_1-x_2+9x_3=-6. \end{cases}$

(3) $\begin{cases} 2x_1+x_2-x_3+x_4=1, \\ 4x_1+2x_2-2x_3+x_4=2, \\ 2x_1+x_2-x_3-x_4=1. \end{cases}$

(4) $\begin{cases} 2x_1+x_2-x_3+x_4=1, \\ 3x_1-2x_2+x_3-3x_4=4, \\ x_1+4x_2-3x_3+5x_4=-2. \end{cases}$

强化训练

1 求一个齐次线性方程组,使向量组 $\boldsymbol{\alpha}_1=\begin{pmatrix}2\\3\\1\\0\end{pmatrix}$,$\boldsymbol{\alpha}_2=\begin{pmatrix}0\\1\\3\\2\end{pmatrix}$为它的一个基础解系.

2 求一个以向量 $\boldsymbol{x}=l_1\begin{pmatrix}2\\-3\\1\\0\end{pmatrix}+l_2\begin{pmatrix}-2\\4\\0\\1\end{pmatrix}$为通解的齐次线性方程组.

3 设 $\boldsymbol{A}=\begin{pmatrix}2 & -2 & 1 & 3\\ 9 & -5 & 2 & 8\end{pmatrix}$，求一个 4×2 矩阵 $\boldsymbol{B}$，使 $\boldsymbol{AB}=\boldsymbol{0}$，且满足 $r(\boldsymbol{B})=2$.

4 当 λ 为何值时，齐次线性方程组

$$\begin{cases}(\lambda-2)x_1-3x_2-2x_3=0,\\ -x_1+(\lambda-8)x_2-2x_3=0,\\ 2x_1+14x_2+(\lambda+3)x_3=0\end{cases}$$

有非零解？并求出它的通解.

5 设有齐次线性方程组

$$\begin{cases}(1+a)x_1+x_2+\cdots+x_n=0,\\2x_1+(2+a)x_2+\cdots+2x_n=0,\\\cdots\cdots\cdots\cdots\\nx_1+nx_2+\cdots+(n+a)x_n=0,\end{cases}$$

试问 a 为何值时，该方程组有非零解？并求其通解.

6 已知方程组 $\begin{pmatrix}1&2&1\\2&3&a+2\\1&a&-2\end{pmatrix}\begin{pmatrix}x_1\\x_2\\x_3\end{pmatrix}=\begin{pmatrix}1\\3\\0\end{pmatrix}$ 无解，求 a 的值.

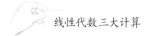

7 讨论 λ 取何值时，非齐次线性方程组

$$\begin{cases}\lambda x_1+x_2+x_3=1,\\ x_1+\lambda x_2+x_3=\lambda,\\ x_1+x_2+\lambda x_3=\lambda^2,\end{cases}$$

(1) 有唯一解；(2) 无解；(3) 有无穷多解.

8 设非齐次线性方程组

$$\begin{cases}-2x_1+x_2+x_3=-2,\\ x_1-2x_2+x_3=\lambda,\\ x_1+x_2-2x_3=\lambda^2,\end{cases}$$

当 λ 取何值时，方程组有解？并求出它的通解.

9 设方程组

$$\begin{cases}(2-\lambda)x_1+2x_2-2x_3=1,\\2x_1+(5-\lambda)x_2-4x_3=2,\\-2x_1-4x_2+(5-\lambda)x_3=-\lambda-1,\end{cases}$$

问 λ 为何值时，此方程组有唯一解、无解或有无穷多解？并在有无穷多解时求其通解.

10 设矩阵 $\boldsymbol{A}=\begin{pmatrix}1&-2&3&-4\\0&1&-1&1\\1&2&0&-3\end{pmatrix}$，$\boldsymbol{E}$ 为三阶单位矩阵.

(1) 求方程组 $\boldsymbol{Ax}=\boldsymbol{0}$ 的一个基础解系；

(2) 求满足 $\boldsymbol{AB}=\boldsymbol{E}$ 的所有矩阵 $\boldsymbol{B}$.

第3章 特征值与特征向量

§ 3.1 特征值与特征向量入门

通过矩阵的运算可知，一个 n 阶方阵 $\boldsymbol{A}$ 左乘 n 维列向量 $\boldsymbol{\alpha}$，即 $\boldsymbol{A\alpha}$，仍为一个 n 维列向量.我们常常讨论这样的问题，即对于一个给定的 n 阶方阵 $\boldsymbol{A}$，是否存在非零的 n 维向量 $\boldsymbol{\alpha}$，使 $\boldsymbol{A\alpha}$ 与 $\boldsymbol{\alpha}$ 平行，并存在常数 λ，使得 $\boldsymbol{A\alpha}=\lambda\boldsymbol{\alpha}$ 成立？在数学上，我们将以上问题称为特征值与特征向量的问题.特征值与特征向量的定义如下：

定义 设 $\boldsymbol{A}$ 是 n 阶方阵，如果存在数 λ 和 n 维非零向量 $\boldsymbol{\alpha}$，使得

$$\boldsymbol{A\alpha}=\lambda\boldsymbol{\alpha},$$

则称 λ 为方阵 $\boldsymbol{A}$ 的一个特征值，$\boldsymbol{\alpha}$ 为方阵 $\boldsymbol{A}$ 对应于特征值 λ 的一个特征向量.

例 1 设矩阵 $\boldsymbol{A}=\begin{pmatrix}3 & -2\\1 & 0\end{pmatrix}$，列向量 $\boldsymbol{\alpha}_1=\begin{pmatrix}1\\1\end{pmatrix}$，$\boldsymbol{\alpha}_2=\begin{pmatrix}2\\1\end{pmatrix}$，$\boldsymbol{\beta}=\begin{pmatrix}-1\\1\end{pmatrix}$，通过矩阵运算可知：

$$\boldsymbol{A\alpha}_1=\begin{pmatrix}3 & -2\\1 & 0\end{pmatrix}\begin{pmatrix}1\\1\end{pmatrix}=\begin{pmatrix}1\\1\end{pmatrix}=1\cdot\boldsymbol{\alpha}_1,$$

$$\boldsymbol{A\alpha}_2=\begin{pmatrix}3 & -2\\1 & 0\end{pmatrix}\begin{pmatrix}2\\1\end{pmatrix}=2\begin{pmatrix}2\\1\end{pmatrix}=2\cdot\boldsymbol{\alpha}_2,$$

$$\boldsymbol{A\beta}=\begin{pmatrix}3 & -2\\1 & 0\end{pmatrix}\begin{pmatrix}-1\\1\end{pmatrix}=\begin{pmatrix}-5\\-1\end{pmatrix}\neq\lambda\begin{pmatrix}-1\\1\end{pmatrix}.$$

由定义可知，1 与 2 就是矩阵 $\boldsymbol{A}$ 的两个特征值，$\boldsymbol{\alpha}_1$ 与 $\boldsymbol{\alpha}_2$ 就是 $\boldsymbol{A}$ 分别对应于特征值 1 与 2 的特征向量，而 $\boldsymbol{\beta}$ 则不是 $\boldsymbol{A}$ 的特征向量.

为了更深刻地理解特征值与特征向量，我们从几何意义的角度来分析上面的例子.在坐标系中向量 $\boldsymbol{\alpha}_1,\boldsymbol{\alpha}_2,\boldsymbol{\beta}$，以及矩阵 $\boldsymbol{A}$ 乘 $\boldsymbol{\alpha}_1,\boldsymbol{\alpha}_2$ 与 $\boldsymbol{\beta}$，即 $(\boldsymbol{A\alpha}_1,\boldsymbol{A\alpha}_2,\boldsymbol{A\beta})$ 的情况如图 3.1 所示.

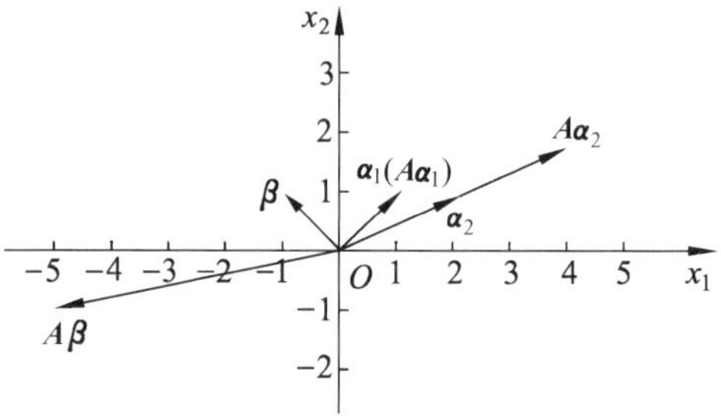

图 3.1

以 $\boldsymbol{A}\boldsymbol{\alpha}_2=2\boldsymbol{\alpha}_2$ 为例，$\boldsymbol{A}\boldsymbol{\alpha}_2$ 相当于将向量 $\boldsymbol{\alpha}_2$ 扩大一倍.这说明，如果 $\boldsymbol{\alpha}$ 是 $\boldsymbol{A}$ 的特征向量，那么 $\boldsymbol{A}\boldsymbol{\alpha}$ 相当于对 $\boldsymbol{\alpha}$ 做一次“伸缩”变换.其实在向量空间中，矩阵 $\boldsymbol{A}$ 的作用是完成一个向量空间到另一个向量空间的映射.同学们了解即可，重点是会计算特征值与特征向量.

基础训练

1 设矩阵 $\boldsymbol{A}=\begin{pmatrix}3&4\\5&2\end{pmatrix}$，下列哪个向量是 $\boldsymbol{A}$ 的特征向量？

$$\boldsymbol{\alpha}_1=\begin{pmatrix}1\\1\end{pmatrix},\boldsymbol{\alpha}_2=\begin{pmatrix}-1\\1\end{pmatrix},\boldsymbol{\alpha}_3=\begin{pmatrix}4\\-5\end{pmatrix}$$

强化训练

1 设矩阵 $A=\begin{pmatrix}0&0&-2\\1&2&1\\1&0&3\end{pmatrix}$，求矩阵 A 的特征值 $\lambda=1$ 对应的所有特征向量.

§ 3.2 求解特征值与特征向量

由特征值与特征向量定义可知

$$\boldsymbol{A\alpha}=\lambda\boldsymbol{\alpha},$$

变形得

$$\boldsymbol{A\alpha}-\lambda\boldsymbol{\alpha}=\mathbf{0}\Leftrightarrow(\boldsymbol{A}-\lambda\boldsymbol{E})\boldsymbol{\alpha}=\mathbf{0}\xLeftrightarrow{\text{令 }\boldsymbol{B}_{n\times n}=\boldsymbol{A}-\lambda\boldsymbol{E}}\boldsymbol{B\alpha}=\mathbf{0}.$$

由于特征向量 $\boldsymbol{\alpha}$ 为非零向量，我们可将上述变形看成齐次线性方程组 $\boldsymbol{Bx}=\mathbf{0}$ 有非零解 $\boldsymbol{\alpha}$，于是根据解的情况有

$$r(\boldsymbol{B})<n\Leftrightarrow|\boldsymbol{B}|=0\Leftrightarrow|\boldsymbol{A}-\lambda\boldsymbol{E}|=0.$$

所以求矩阵 $\boldsymbol{A}$ 的特征值与特征向量的步骤为(以 $\boldsymbol{A}_{3\times3}$ 为例)：

① 令行列式 $|\boldsymbol{A}-\lambda\boldsymbol{E}|=0$ 或 $|\lambda\boldsymbol{E}-\boldsymbol{A}|=0$，求出特征值 $\lambda_1,\lambda_2,\lambda_3$；

② 再分别求齐次线性方程组 $(\boldsymbol{A}-\lambda_i\boldsymbol{E})\boldsymbol{x}=\mathbf{0}$ 或 $(\lambda_i\boldsymbol{E}-\boldsymbol{A})\boldsymbol{x}=\mathbf{0}(i=1,2,3)$ 的基础解系(特征值分别对应的特征向量)$\boldsymbol{\alpha}_1,\boldsymbol{\alpha}_2,\boldsymbol{\alpha}_3$.

学到这里，相信同学们不难发现，求方阵的特征值实际上是行列式的运算；求方阵的特征向量实际上是利用初等行变换求解齐次线性方程组的基础解系的过程.将

前面所学的行列式与初等变换的知识结合起来,有利于后期对整个线性代数的理解与学习.

基础训练

1 求下列矩阵的特征值与其对应的一组线性无关的特证向量.

(1) $\begin{pmatrix} 3 & 4 \\ 5 & 2 \end{pmatrix}$.　　(2) $\begin{pmatrix} 0 & a \\ -a & 0 \end{pmatrix}$.

(3) $\begin{pmatrix} 1 & 2 & 3 \\ 2 & 1 & 3 \\ 3 & 3 & 6 \end{pmatrix}$.　　(4) $\begin{pmatrix} 2 & -2 & 0 \\ -2 & 1 & -2 \\ 0 & -2 & 0 \end{pmatrix}$.

(5) $\begin{pmatrix} 2 & 2 & -2 \\ 2 & 5 & -4 \\ -2 & -4 & 5 \end{pmatrix}$.　　(6) $\begin{pmatrix} -1 & 1 & 0 \\ -4 & 3 & 0 \\ 1 & 0 & 2 \end{pmatrix}$.

(7) $\begin{pmatrix} 2 & -1 & 2 \\ 5 & -3 & 3 \\ -1 & 0 & -2 \end{pmatrix}$.　　(8) $\begin{pmatrix} 5 & 6 & -3 \\ -1 & 0 & 1 \\ 1 & 2 & 1 \end{pmatrix}$.

(9) $\begin{pmatrix} 0 & 0 & 0 & 1 \\ 0 & 0 & 1 & 0 \\ 0 & 1 & 0 & 0 \\ 1 & 0 & 0 & 0 \end{pmatrix}$.　　(10) $\begin{pmatrix} 1 & 1 & 1 & 1 \\ 1 & 1 & -1 & -1 \\ 1 & -1 & 1 & -1 \\ 1 & -1 & -1 & 1 \end{pmatrix}$.

强化训练

1 已知 $\boldsymbol{\alpha}_1=\begin{pmatrix} 1 \\ 1 \\ -1 \end{pmatrix}$是矩阵 $\boldsymbol{A}=\begin{pmatrix} 2 & -1 & 2 \\ 5 & a & 3 \\ -1 & b & -2 \end{pmatrix}$的一个特征向量,求参数 a,b 及矩阵 $\boldsymbol{A}$ 的特征值与其对应的一组线性无关的特征向量.

2 设矩阵 $\boldsymbol{A}=\begin{pmatrix} a & -1 & c \\ 5 & b & 3 \\ 1-c & 0 & -a \end{pmatrix}$，$|\boldsymbol{A}|=-1$，且 λ_0 是 $\boldsymbol{A}^*$ 的特征值，λ_0 对应的特征向量为 $\boldsymbol{\alpha}=\begin{pmatrix} -1 \\ -1 \\ 1 \end{pmatrix}$，求 a,b,c 及 λ_0 的值.

3 设矩阵 $\boldsymbol{A}=(a_{ij})_{n\times n}$，其中 $a_{ij}=i\cdot j$，求 $\boldsymbol{A}$ 的特征值与其对应的一组线性无关的特征向量.

4 设矩阵 $\boldsymbol{A}=(a_{ij})_{3\times 3}$，$\lambda_1,\lambda_2,\lambda_3$ 为 $\boldsymbol{A}$ 的特征值，证明：

(1) $\lambda_1+\lambda_2+\lambda_3=a_{11}+a_{22}+a_{33}$；

(2) $\lambda_1\lambda_2\lambda_3=|\boldsymbol{A}|$.

答案解析

第1章　行列式

§1.1　行列式入门

基础训练

1 解析　在排列 41325 中,4 排在首位,其逆序数为 0;1 的前面比 1 大的数有一个 4,故其逆序数为 1;3 的前面比 3 大的数是一个数 4,故其逆序数也为 1;2 的前面比 2 大的数有 3 和 4,故其逆序数为 2;5 的前面没有比 5 大的数,故其逆序数为 0. 于是,排列 41325 的逆序数 $\tau(41325)=0+1+1+2+0=4$,它是一个偶排列.

2 解析　求逆序数可以考虑为计算每个数前面有多少个比自己大的数,再求和即可.

(1) 从第一个数 2 开始,确定前面比自己大的数的个数,即

$$\tau(217986354)=0+1+0+0+1+3+4+4+5=18.$$

(2) 从第一个数 n 开始,确定前面比自己大的数的个数,即

$$\tau(n,1,2,\cdots,n-1)=0+1+1+\cdots+1=n-1.$$

(3) 此排列中第一个数 n 的逆序数为 0,第二个数 $n-1$ 的逆序数为 1,第三个数 $n-2$ 的逆序数为 2……第 n 个数 1 的逆序数为 $n-1$,所以此排列的逆序数为

$$\tau(n,n-1,\cdots,2,1)=0+1+2+\cdots+(n-1)=\frac{n(n-1)}{2}.$$

3 解析　(1) 在排列 $1i74356k9$ 中缺数 2,8,于是可做如下讨论:

令 $i=2,k=8$,得

$$\tau(127435689)=0+0+0+1+2+1+1+0+0=5;$$

令 $i=8,k=2$,得

$$\tau(187435629)=0+0+1+2+3+2+2+6+0=16.$$

所以,当 $i=8,k=2$ 时成偶排列.

(2) 在排列 $1i25k4897$ 中缺数 3,6,于是可做如下讨论:

令 $i=3,k=6$,得

$$\tau(132564897)=0+0+1+0+0+2+0+0+2=5;$$

令 $i=6,k=3$,得

$$\tau(162534897)=0+0+1+1+2+2+0+0+2=8.$$

所以，当 $i=3,k=6$ 时成奇排列.

4 解析 直接利用定义，注意不同行、不同列的限制及符号的计算.

(1) 根据行列式的定义，要计算二阶行列式，应该从行列式中取出不同行、不同列的两项，在行标按照顺序排列的情况下选取项的可能情况有 $a_{11}a_{22}$ 与 $a_{12}a_{21}$，再根据列指标排列顺序的奇偶性不难得到，$a_{11}a_{22}$ 对应系数为 $(-1)^{\tau(12)}=1$ 即正号，$a_{12}a_{21}$ 对应系数为 $(-1)^{\tau(21)}=-1$ 即负号.故 $\begin{vmatrix} a_{11} & a_{12} \\ a_{21} & a_{22} \end{vmatrix}=a_{11}a_{22}-a_{12}a_{21}$.

(2) 类似地，我们要从三阶行列式中取出不同行不同列的三项，可能的选择有六种(表 1.1).

表 1.1

类别	$a_{11}a_{22}a_{33}$	$a_{11}a_{23}a_{32}$	$a_{12}a_{21}a_{33}$	$a_{12}a_{23}a_{31}$	$a_{13}a_{21}a_{32}$	$a_{13}a_{22}a_{31}$
列指标	1,2,3	1,3,2	2,1,3	2,3,1	3,1,2	3,2,1
逆序数	0	1	1	2	2	3

可知：

$$\begin{vmatrix} a_{11} & a_{12} & a_{13} \\ a_{21} & a_{22} & a_{23} \\ a_{31} & a_{32} & a_{33} \end{vmatrix}=a_{11}a_{22}a_{33}+a_{12}a_{23}a_{31}+a_{13}a_{21}a_{32}-a_{11}a_{23}a_{32}-a_{12}a_{21}a_{33}-a_{13}a_{22}a_{31}.$$

强化训练

1 证 对于主对角线以下的元素都为 0 的行列式，我们称之为上三角形行列式.

因为当 $i>j$ 时，$a_{ij}=0$，故 D 中所有可能不为零的元素 a_{ip_i} 的下标应满足 $p_i\geqslant i$ $(i=1,2,\cdots,n)$，即有 $p_1\geqslant 1,p_2\geqslant 2,\cdots,p_n\geqslant n$.在列标排列 $p_1p_2\cdots p_n$ 中，能满足上述条件的排列只有一个标准排列 $123\cdots n$.所以 D 中可能不为零的项只有一项 $a_{11}a_{22}\cdots a_{nn}$，又此项的符号为 $(-1)^{\tau(12\cdots n)}=(-1)^0=1$，所以 $D=a_{11}a_{22}\cdots a_{nn}$.

由此题可得：上三角形行列式的值等于其主对角线上元素的乘积.同理可得：下三角形行列式(主对角线以上的元素都为 0)的值也等于其主对角线上元素的乘积.另外，对于对角行列式(主对角线以上和以下的元素都为 0)有：

$$\begin{vmatrix} \lambda_1 & & & \\ & \lambda_2 & & \\ & & \ddots & \\ & & & \lambda_n \end{vmatrix}=\lambda_1\lambda_2\cdots\lambda_n.$$

2 证 因为当 $j>n-i+1$ 时，$a_{ij}=0$，故 D 中所有可能不为零的元素 a_{ip_i} 的下标应满足 $p_i\leqslant n-i+1(i=1,2,\cdots,n)$，即有 $p_1\leqslant n,p_2\leqslant n-1,\cdots,p_n\leqslant 1$.在列标排

列 $p_1p_2\cdots p_n$ 中,能满足上述条件的排列只有一个排列 $n,n-1,n-2,\cdots,2,1$.所以 D 中可能不为零的项只有一项 $a_{1n}a_{2,n-1}\cdots a_{n1}$,又此项的符号为 $(-1)^{\tau(n,n-1,\cdots,1)}=(-1)^{\frac{n(n-1)}{2}}$,所以

$$D=(-1)^{\frac{n(n-1)}{2}}a_{1n}a_{2,n-1}\cdots a_{n1}.$$

3 解　根据行列式定义,只有主对角线上的元素相乘才出现 x^4,而且这一项利用行列式的定义可知为 $(-1)^{\tau(1234)}a_{11}a_{22}a_{33}a_{44}$,系数带负号为 $-4x^4$.故 $f(x)$ 的 x^4 的系数为 -4.

同理,含 x^3 的项也只有一项,即为 $(-1)^{\tau(3214)}a_{13}a_{22}a_{31}a_{44}$,系数带符号为 $2x^3$.故 $f(x)$ 中 x^3 的系数为 2.

§1.2　利用行列式的性质求行列式

基础训练

1 解　(1) 方法一:将第四行元素改为 1,1,1,1,有

$$原式=\begin{vmatrix}-2&2&-2&2\\1&2&3&4\\1&1&1&1\\1&1&1&1\end{vmatrix}=0.$$

方法二:利用行列式展开定义的性质,即某行元素乘以其他行代数余子式的乘积之和为零可知:

$\because$ $a_{31}=a_{32}=a_{33}=a_{34}=1$,

$\therefore$ 原式 $=a_{31}A_{41}+a_{32}A_{42}+a_{33}A_{43}+a_{34}A_{44}=0$.

(2) $\because$ $A_{ij}=(-1)^{i+j}M_{ij}$,

$$\therefore\ 原式=A_{31}-A_{32}+A_{33}-A_{34}=\begin{vmatrix}-2&2&-2&2\\1&2&3&4\\1&-1&1&-1\\2&-1&3&5\end{vmatrix}=0.$$

2 解析　对于这个三阶数字行列式,由于内部元素消元过程中总出现分数,若利用消元性质将其化为上三角形行列式,或将某行(列)元素化为只剩一个非零元再展开,计算量都较大,不如直接用行列式的定义(对第一行展开)来计算.注意使用展开定义时 A_{ij} 前面有正负系数,不要遗漏.

$$\begin{vmatrix}3&2&3\\2&-3&4\\4&-5&2\end{vmatrix}=3\begin{vmatrix}-3&4\\-5&2\end{vmatrix}-2\begin{vmatrix}2&4\\4&2\end{vmatrix}+3\begin{vmatrix}2&-3\\4&-5\end{vmatrix}$$

$$=3(-6+20)-2(4-16)+3(-10+12)$$

$=42+24+6=72.$

3 证　左端 $\xlongequal[c_4-c_1]{\substack{c_2-c_1\\c_3-c_1}}\begin{vmatrix} a^2 & 2a+1 & 4a+4 & 6a+9 \\ b^2 & 2b+1 & 4b+4 & 6b+9 \\ c^2 & 2c+1 & 4c+4 & 6c+9 \\ d^2 & 2d+1 & 4d+4 & 6d+9 \end{vmatrix} \xlongequal{\substack{c_3-2c_2\\c_4-3c_2}} \begin{vmatrix} a^2 & 2a+1 & 2 & 6 \\ b^2 & 2b+1 & 2 & 6 \\ c^2 & 2c+1 & 2 & 6 \\ d^2 & 2d+1 & 2 & 6 \end{vmatrix}=0.$

4 **解析**　四阶行列式没有直接的计算公式，需要对其进行降阶处理.为此，我们要先将某行或某列化为只有一个非零元素的情形.为了避免出现分数的运算，又第三列第一个元素为1，那么可以通过第一行向下消元将第三列的第二至第四个元素化为零，即

$$\begin{vmatrix} 2 & -5 & 1 & 2 \\ -3 & 7 & -1 & 4 \\ 5 & -9 & 2 & 7 \\ 4 & -6 & 1 & 2 \end{vmatrix} = \begin{vmatrix} 2 & -5 & 1 & 2 \\ -1 & 2 & 0 & 6 \\ 1 & 1 & 0 & 3 \\ 2 & -1 & 0 & 0 \end{vmatrix} = 1\times(-1)^{1+3}\begin{vmatrix} -1 & 2 & 6 \\ 1 & 1 & 3 \\ 2 & -1 & 0 \end{vmatrix}$$
$$= \begin{vmatrix} -1 & 2 & 6 \\ 1 & 1 & 3 \\ 2 & -1 & 0 \end{vmatrix}.$$

三阶行列式可以直接计算，但为了进一步简化计算，可以再进行降阶：

$$\begin{vmatrix} -1 & 2 & 6 \\ 1 & 1 & 3 \\ 2 & -1 & 0 \end{vmatrix} = \begin{vmatrix} -1 & 2 & 6 \\ 0 & 3 & 9 \\ 0 & 3 & 12 \end{vmatrix} = \begin{vmatrix} -1 & 2 & 6 \\ 0 & 3 & 9 \\ 0 & 0 & 3 \end{vmatrix} = (-1)\times3\times3=-9.$$

注　数字行列式的计算可以用“三角形”法，使用时往往将性质与展开法则结合，再降阶计算.先用性质将行列式的某一行(列)化为只含有一个非零元素，然后按照零元素较多的行(列)展开.如本例中行列式经过行变换后第三列中只有一个非零元素1，可先利用行列式性质按该列展开，降阶后再化为三角形行列式进行计算.

5 **解析**　该行列式零元素多，相反数多，故全部加至一列.

$$原式\xlongequal{c_1+c_2+c_3+c_4}\begin{vmatrix} x+\sum_{i=1}^{4}a_i & a_2 & a_3 & a_4 \\ 0 & x & 0 & 0 \\ 0 & -x & x & 0 \\ 0 & 0 & -x & x \end{vmatrix}$$
$$=\left(x+\sum_{i=1}^{4}a_i\right)\begin{vmatrix} x & 0 & 0 \\ -x & x & 0 \\ 0 & -x & x \end{vmatrix}=\left(x+\sum_{i=1}^{4}a_i\right)\cdot x^3.$$

6 解析 考虑到每行均有公因数,所以先提公因数,即

$$D=256\begin{vmatrix}1&1&1&0\\1&1&0&1\\1&0&1&1\\0&1&1&1\end{vmatrix}.$$

方法一:

$$D\xlongequal[(r_2-r_1,r_3-r_1)]{\text{降阶法}}256\begin{vmatrix}1&1&1&0\\0&0&-1&1\\0&-1&0&1\\0&1&1&1\end{vmatrix}=256\begin{vmatrix}0&-1&1\\-1&0&1\\1&1&1\end{vmatrix}$$

$$=-256\begin{vmatrix}1&1&1\\-1&0&1\\0&-1&1\end{vmatrix}=-256\begin{vmatrix}1&1&1\\0&1&2\\0&-1&1\end{vmatrix}$$

$$=-256\begin{vmatrix}1&2\\-1&1\end{vmatrix}=-256\times3=-768.$$

方法二:

$$D\xlongequal[r_1+r_2+r_3+r_4]{\text{求和法}}256\begin{vmatrix}3&3&3&3\\1&1&0&1\\1&0&1&1\\0&1&1&1\end{vmatrix}=768\begin{vmatrix}1&1&1&1\\1&1&0&1\\1&0&1&1\\0&1&1&1\end{vmatrix}$$

$$=768\begin{vmatrix}1&1&1&1\\0&0&-1&0\\0&-1&0&0\\-1&0&0&0\end{vmatrix}=768\times(-1)^{\frac{4\times3}{2}}\cdot(-1)^3=-768.$$

7 解析 此类型的行列式是主对角线上元素带有参数,直接进行三阶行列式展开会出现一元三次多项式,通常计算烦琐.现介绍一种更加简便的方法,即去掉对角线元素,把剩余六个元素通过加减运算得到零,在得到零的同时,得到含 λ 的公因子.这样就可以回避三次方程.

该题中,比如:第二行加至第一行后,第一行变为 $\lambda-2,\lambda-4,0$,无公因子;若将第三行的(-1)倍加至第一行,第一行变为 $\lambda-2,0,2-\lambda$,就有了公因子.

$$\text{原式}\xlongequal{r_1-r_3}\begin{vmatrix}\lambda-2&0&2-\lambda\\1&\lambda-5&1\\-1&1&\lambda-3\end{vmatrix}\xlongequal{\text{提公因子}}(\lambda-2)\begin{vmatrix}1&0&-1\\1&\lambda-5&1\\-1&1&\lambda-3\end{vmatrix}$$

$$\xlongequal{c_1+c_3}(\lambda-2)\begin{vmatrix}1&0&0\\1&\lambda-5&2\\-1&1&\lambda-4\end{vmatrix}=(\lambda-2)\begin{vmatrix}\lambda-5&2\\1&\lambda-4\end{vmatrix}$$

$$=(\lambda-2)(\lambda^2-9\lambda+18)=(\lambda-2)(\lambda-3)(\lambda-6)=0,$$

故 $\lambda=2,3,6$.

强化训练

1 **解析** 对于三阶以上的数字行列式，一般都是利用性质将其化为上三角形行列式求其值.化为上三角形行列式的步骤是规范化的.首先利用第一行第一列的非零元将第一列其他元素全化为零，然后利用第二行第二列的非零元将第二列第二行以下元素全化为零……直到化为上三角形行列式.如果转化的过程中出现全零行，那么行列式的值等于零.

这里第一行第一列的元素为 2，如果利用它将第一列其余元素全化为零，中间就会出现很多分数，继续化下去就比较麻烦.所以这里先把第一行乘 -1 加到第三行，再把第一行与第三行对换，就使第一行第一列元素为 1，这样再将第一列其余元素化为零就比较简便，即

$$D\xlongequal[r_3\leftrightarrow r_1]{r_3-r_1}-\begin{vmatrix}1&-1&1&6\\-3&3&1&10\\2&5&4&9\\4&3&14&19\end{vmatrix}\xlongequal[r_4-4r_1]{\substack{r_2+3r_1\\r_3-2r_1}}-\begin{vmatrix}1&-1&1&6\\0&0&4&28\\0&7&2&-3\\0&7&10&-5\end{vmatrix}$$

$$\xlongequal[r_2\leftrightarrow r_3]{r_4-r_3}\begin{vmatrix}1&-1&1&6\\0&7&2&-3\\0&0&4&28\\0&0&8&-2\end{vmatrix}\xlongequal{r_4-2r_3}\begin{vmatrix}1&-1&1&6\\0&7&2&-3\\0&0&4&28\\0&0&0&-58\end{vmatrix}$$

$$=1\times7\times4\times(-58)=-1\ 624.$$

2 **解** 把行列式按第一行展开得

$$D_5=aD_4-bcD_3,D_4=aD_3-bcD_2,$$

$$D_3=aD_2-bcD_1=a\begin{vmatrix}a&b\\c&a\end{vmatrix}-bca=a^3-2abc.$$

把 D_2,D_3 的结果代入 D_4，得

$$D_4=a(a^3-2abc)-bc(a^2-bc)=a^4-3a^2bc+b^2c^2.$$

把 D_3,D_4 的结果代入 D_5，得

$$D_5=a(a^4-3a^2bc+b^2c^2)-bc(a^3-2abc)=a^5-4a^3bc+3ab^2c^2.$$

3 **解析** 本题可利用行列式的性质化成三角形行列式.

将第一行的(-1)倍加到其他各行，有

$$\begin{vmatrix}1&2&3&\cdots&n\\0&x-1&0&\cdots&0\\0&0&x-2&\cdots&0\\\vdots&\vdots&\vdots&&\vdots\\0&0&0&\cdots&x-n+1\end{vmatrix}=(x-1)(x-2)\cdots(x-n+1).$$

4 解析 每列元素都是一个 a 与 $n-1$ 个 b，故可把每行均加至第一行，提取公因子 $a+(n-1)b$，再化为上三角形行列式，即

$$D_n=\begin{vmatrix} a+(n-1)b & a+(n-1)b & a+(n-1)b & \cdots & a+(n-1)b \\ b & a & b & \cdots & b \\ b & b & a & \cdots & b \\ \vdots & \vdots & \vdots & & \vdots \\ b & b & b & \cdots & a \end{vmatrix}$$

$$=[a+(n-1)b]\begin{vmatrix} 1 & 1 & 1 & \cdots & 1 \\ b & a & b & \cdots & b \\ b & b & a & \cdots & b \\ \vdots & \vdots & \vdots & & \vdots \\ b & b & b & \cdots & a \end{vmatrix}$$

$$=[a+(n-1)b]\begin{vmatrix} 1 & 1 & 1 & \cdots & 1 \\ 0 & a-b & 0 & \cdots & 0 \\ 0 & 0 & a-b & \cdots & 0 \\ \vdots & \vdots & \vdots & & \vdots \\ 0 & 0 & 0 & \cdots & a-b \end{vmatrix}$$

$$=[a+(n-1)b](a-b)^{n-1}.$$

5 解析 注意到行列式的每个元素都是两数之和，我们有如下两种方法.

方法一：

$$\begin{vmatrix} a_1+b_1 & 2a_1-b_1 & 4a_1+5b_1 \\ a_2+b_2 & 2a_2-b_2 & 4a_2+5b_2 \\ a_3+b_3 & 2a_3-b_3 & 4a_3+5b_3 \end{vmatrix}=\begin{vmatrix} a_1 & 2a_1-b_1 & 4a_1+5b_1 \\ a_2 & 2a_2-b_2 & 4a_2+5b_2 \\ a_3 & 2a_3-b_3 & 4a_3+5b_3 \end{vmatrix}+\begin{vmatrix} b_1 & 2a_1-b_1 & 4a_1+5b_1 \\ b_2 & 2a_2-b_2 & 4a_2+5b_2 \\ b_3 & 2a_3-b_3 & 4a_3+5b_3 \end{vmatrix}.$$

其中 $\begin{vmatrix} a_1 & 2a_1-b_1 & 4a_1+5b_1 \\ a_2 & 2a_2-b_2 & 4a_2+5b_2 \\ a_3 & 2a_3-b_3 & 4a_3+5b_3 \end{vmatrix}=\begin{vmatrix} a_1 & 2a_1 & 4a_1+5b_1 \\ a_2 & 2a_2 & 4a_2+5b_2 \\ a_3 & 2a_3 & 4a_3+5b_3 \end{vmatrix}+\begin{vmatrix} a_1 & -b_1 & 4a_1+5b_1 \\ a_2 & -b_2 & 4a_2+5b_2 \\ a_3 & -b_3 & 4a_3+5b_3 \end{vmatrix}$

$$=\begin{vmatrix} a_1 & -b_1 & 4a_1+5b_1 \\ a_2 & -b_2 & 4a_2+5b_2 \\ a_3 & -b_3 & 4a_3+5b_3 \end{vmatrix}$$

$$=\begin{vmatrix} a_1 & -b_1 & 5b_1 \\ a_2 & -b_2 & 5b_2 \\ a_3 & -b_3 & 5b_3 \end{vmatrix}+\begin{vmatrix} a_1 & -b_1 & 4a_1 \\ a_2 & -b_2 & 4a_2 \\ a_3 & -b_3 & 4a_3 \end{vmatrix}=0.$$

类似地，有 $\begin{vmatrix} b_1 & 2a_1-b_1 & 4a_1+5b_1 \\ b_2 & 2a_2-b_2 & 4a_2+5b_2 \\ b_3 & 2a_3-b_3 & 4a_3+5b_3 \end{vmatrix}=0$. 故 $\begin{vmatrix} a_1+b_1 & 2a_1-b_1 & 4a_1+5b_1 \\ a_2+b_2 & 2a_2-b_2 & 4a_2+5b_2 \\ a_3+b_3 & 2a_3-b_3 & 4a_3+5b_3 \end{vmatrix}=0$.

方法二：

将第一列的-2倍加到第二列，有

$$\begin{vmatrix} a_1+b_1 & 2a_1-b_1 & 4a_1+5b_1 \\ a_2+b_2 & 2a_2-b_2 & 4a_2+5b_2 \\ a_3+b_3 & 2a_3-b_3 & 4a_3+5b_3 \end{vmatrix} = \begin{vmatrix} a_1+b_1 & -3b_1 & 4a_1+5b_1 \\ a_2+b_2 & -3b_2 & 4a_2+5b_2 \\ a_3+b_3 & -3b_3 & 4a_3+5b_3 \end{vmatrix}$$

$$= \begin{vmatrix} a_1+b_1 & -3b_1 & b_1 \\ a_2+b_2 & -3b_2 & b_2 \\ a_3+b_3 & -3b_3 & b_3 \end{vmatrix} = 0.$$

6 解析 当行列式各行(列)元素之和相等时，先求和，再提公因子，然后运用其他方法求解.故本题先将各列加到第一列后，再提出第一列的公因子x，即

$$D = \begin{vmatrix} x & -1 & 1 & x-1 \\ x & -1 & x+1 & -1 \\ x & x-1 & 1 & -1 \\ x & -1 & 1 & -1 \end{vmatrix} = x\begin{vmatrix} 1 & -1 & 1 & x-1 \\ 0 & 0 & x & -x \\ 0 & x & 0 & -x \\ 0 & 0 & 0 & -x \end{vmatrix} = x^4\begin{vmatrix} 0 & 1 & -1 \\ 1 & 0 & -1 \\ 0 & 0 & -1 \end{vmatrix} = x^4.$$

§ 1.3 计算特殊行列式

基础训练

1 解析 本例的行列式似乎就是一个一般的行列式，但如果仔细观察，就能发现第二列元素是第一列元素的平方，第三列元素是第一列元素的立方，于是便想到范德蒙德行列式，从而要向范德蒙德行列式靠拢，就得先将行列式转置，即

$$原式 = \begin{vmatrix} 1 & 2 & 3 & 4 \\ 1^2 & 2^2 & 3^2 & 4^2 \\ 1^3 & 2^3 & 3^3 & 4^3 \\ 1 & 1 & 1 & 1 \end{vmatrix}.$$

比较转置后的行列式与范德蒙德行列式元素的分布特征，需将第四行转移到第一行，并使第二、三、四行元素的次数保持逐步递增：

$$\begin{vmatrix} 1 & 2 & 3 & 4 \\ 1^2 & 2^2 & 3^2 & 4^2 \\ 1^3 & 2^3 & 3^3 & 4^3 \\ 1 & 1 & 1 & 1 \end{vmatrix} \xlongequal[r_2 \to r_1]{\substack{r_4 \leftrightarrow r_3 \\ r_3 \leftrightarrow r_2}} -\begin{vmatrix} 1 & 1 & 1 & 1 \\ 1 & 2 & 3 & 4 \\ 1^2 & 2^2 & 3^2 & 4^2 \\ 1^3 & 2^3 & 3^3 & 4^3 \end{vmatrix}.$$

一旦化简为范德蒙德行列式，那么只要关注第二行，并求所有右边元素减去左边元素的差的乘积，即能得到行列式的值，故

$$原式=-\begin{vmatrix}1&1&1&1\\1&2&3&4\\1^2&2^2&3^2&4^2\\1^3&2^3&3^3&4^3\end{vmatrix}=-(2-1)(3-1)(4-1)(3-2)(4-2)(4-3)=-12.$$

2 解析 通过观察可以得到，行列式的形式是典型的范德蒙德行列式，但是行元素中缺少一个零次方项，故只需将第四行化为 1，即

$$原式\xlongequal{r_4+r_1}\begin{vmatrix}1&2&3&4\\1^2&2^2&3^2&4^2\\1^3&2^3&3^3&4^3\\10&10&10&10\end{vmatrix}\xlongequal{提因式}10\begin{vmatrix}1&2&3&4\\1^2&2^2&3^2&4^2\\1^3&2^3&3^3&4^3\\1&1&1&1\end{vmatrix}$$

$$\xlongequal[且不破坏范德蒙德行列式的结构?]{如何将“1”换到第一行}(第四行逐行向上换 3 次)(-1)^3\times10\begin{vmatrix}1&1&1&1\\1&2&3&4\\1^2&2^2&3^2&4^2\\1^3&2^3&3^3&4^3\end{vmatrix}$$

$$=-10(2-1)(3-1)(4-1)(3-2)(4-2)(4-3)$$

$$=-10\cdot1\cdot2\cdot3\cdot1\cdot2\cdot1=-120.$$

3 解析 该行列式每一行都只有两个非零元，故可以考虑展开.将行列式按第一行展开得

$$\begin{vmatrix}a_1&0&\cdots&0&b_1\\b_2&a_2&\cdots&0&0\\\vdots&\vdots&&\vdots&\vdots\\0&0&\cdots&a_{n-1}&0\\0&0&\cdots&b_n&a_n\end{vmatrix}$$

$$=a_1\times(-1)^{1+1}\begin{vmatrix}a_2&\cdots&0&0\\\vdots&&\vdots&\vdots\\0&\cdots&a_{n-1}&0\\0&\cdots&b_n&a_n\end{vmatrix}+b_1\times(-1)^{1+n}\begin{vmatrix}b_2&a_2&\cdots&0\\0&b_3&\cdots&0\\\vdots&\vdots&&\vdots\\0&0&\cdots&b_n\end{vmatrix}$$

$$=a_1a_2\cdots a_n+(-1)^{1+n}b_1b_2\cdots b_n.$$

4 解 原式

$$\xlongequal{r_1-\frac{1}{2}r_2}\begin{vmatrix}\frac{1}{2}&0&1&1\\1&2&0&0\\1&0&3&0\\1&0&0&4\end{vmatrix}\xlongequal{r_1-\frac{1}{3}r_3}\begin{vmatrix}\frac{1}{6}&0&0&1\\1&2&0&0\\1&0&3&0\\1&0&0&4\end{vmatrix}$$

$$\xlongequal{r_1-\frac{1}{4}r_4}\begin{vmatrix}-\frac{1}{12}&0&0&0\\1&2&0&0\\1&0&3&0\\1&0&0&4\end{vmatrix}=-2.$$

注 三角形行列式是很多特殊的行列式最终的归宿，本例中行列式为箭形行列式$\nwarrow\searrow\nearrow\swarrow$.这四种箭形行列式都可以利用行列式的性质转化为三角形行列式.

5 **解** 原式$\xlongequal[r_1+r_4]{\substack{r_1+r_2\\r_1+r_3}}\begin{vmatrix}11&11&11&11\\2&5&2&2\\2&2&5&2\\2&2&2&5\end{vmatrix}=11\begin{vmatrix}1&1&1&1\\2&5&2&2\\2&2&5&2\\2&2&2&5\end{vmatrix}$

$$\xlongequal[r_4-2r_1]{\substack{r_2-2r_1\\r_3-2r_1}}11\begin{vmatrix}1&1&1&1\\0&3&0&0\\0&0&3&0\\0&0&0&3\end{vmatrix}=297.$$

注 本例行列式每行(列)元素之和均为 11,不妨把这样的行列式叫作"行(列)和相等"形行列式.同时,这个行列式的元素分布特征也是这类行列式中最特殊的一种:主对角线元素是相同的一个数,且其余元素是相同的另一个数.本例是四阶数字行列式,若不改变其分布特征,把它升级为 n 阶字母行列式,你还会计算吗?在此请读者自行练习:n 阶行列式 $\begin{vmatrix}a&b&b&\cdots&b\\b&a&b&\cdots&b\\b&b&a&\cdots&b\\\vdots&\vdots&\vdots&&\vdots\\b&b&b&\cdots&a\end{vmatrix}=$________________.

(答案为$[a+(n-1)b](a-b)^{n-1}$)

6 **解析** 此题可由行或列交换化为$\begin{vmatrix}\boldsymbol{A}&\boldsymbol{C}\\\boldsymbol{O}&\boldsymbol{B}\end{vmatrix}=|\boldsymbol{A}||\boldsymbol{B}|$(其中$|\boldsymbol{A}|$,$|\boldsymbol{B}|$均为二阶行列式).

先将第二列与第一列对换,再将第三列与第二列对换,得

$$D=(-1)(-1)\begin{vmatrix}a_1&b_1&0&0\\0&0&a_2&b_2\\0&0&a_3&b_3\\a_4&b_4&x&y\end{vmatrix}\xlongequal{r_2\leftrightarrow r_4}-\begin{vmatrix}a_1&b_1&0&0\\a_4&b_4&x&y\\0&0&a_3&b_3\\0&0&a_2&b_2\end{vmatrix}$$

$$=-\begin{vmatrix}a_1&b_1\\a_4&b_4\end{vmatrix}\begin{vmatrix}a_3&b_3\\a_2&b_2\end{vmatrix}=(a_1b_4-a_4b_1)(a_2b_3-a_3b_2).$$

7 解析 本题可利用行消元化成三角形行列式,即

$$原式=\begin{vmatrix}1&b_1&0&0\\0&1&b_1&0\\0&-1&1-b_1&b_1\\0&0&-1&1-b_1\end{vmatrix}=\begin{vmatrix}1&b_1&0&0\\0&1&b_1&0\\0&0&1&b_1\\0&0&-1&1-b_1\end{vmatrix}$$

$$=\begin{vmatrix}1&b_1&0&0\\0&1&b_1&0\\0&0&1&b_1\\0&0&0&1\end{vmatrix}=1.$$

8 解析 这个行列式主对角线上的 x 显得很不和谐,于是便想把这些 x 全部“消灭”.如何操作呢?可以从第二行起,每行依次加上上一行的 x 倍.当然这样做是有“代价”的,那就是第一列的元素将变得面目全非.而最终决定行列式值的,就是第一列的最后一个元素变成了什么.

$$原式\xlongequal{r_2+xr_1}\begin{vmatrix}1&-1&0&0\\x+2&0&-1&0\\3&0&x&-1\\4&0&0&x\end{vmatrix}\xlongequal{r_3+xr_2}\begin{vmatrix}1&-1&0&0\\x+2&0&-1&0\\x^2+2x+3&0&0&-1\\4&0&0&x\end{vmatrix}$$

$$\xlongequal{r_4+xr_3}\begin{vmatrix}1&-1&0&0\\x+2&0&-1&0\\x^2+2x+3&0&0&-1\\x^3+2x^2+3x+4&0&0&0\end{vmatrix}$$

$$\xlongequal{按 r_4 展开}-(x^3+2x^2+3x+4)\begin{vmatrix}-1&0&0\\0&-1&0\\0&0&-1\end{vmatrix}$$

$$=x^3+2x^2+3x+4.$$

强化训练

1 解析 从形式上看,本题行列式与范德蒙德行列式比较接近,但又不能直接利用公式,故可以考虑先利用行列式的性质进行变形,变成范德蒙德行列式的形式,再进行计算.

注意到行列式每一行的元素是成等比关系变化的,故可以考虑在每行提出公因子,将第一列的元素全变为 1.从行列式的第 i 行提出 $i(i=2,\cdots,n)$,得

$$\begin{vmatrix} 1 & 1 & 1 & \cdots & 1 \\ 2 & 2^2 & 2^3 & \cdots & 2^n \\ 3 & 3^2 & 3^3 & \cdots & 3^n \\ \vdots & \vdots & \vdots & & \vdots \\ n & n^2 & n^3 & \cdots & n^n \end{vmatrix} = n! \begin{vmatrix} 1 & 1 & 1 & \cdots & 1 \\ 1 & 2 & 2^2 & \cdots & 2^{n-1} \\ 1 & 3 & 3^2 & \cdots & 3^{n-1} \\ \vdots & \vdots & \vdots & & \vdots \\ 1 & n & n^2 & \cdots & n^{n-1} \end{vmatrix}.$$

再由范德蒙德行列式的计算公式可得

$$原式 = n! \prod_{i=1}^{n-1}(n-i)\prod_{i=1}^{n-2}(n-1-i)\cdots(2-1) = n!(n-1)!(n-2)!\cdots 1!.$$

2 解析 对 $D_n^{(1)}$ 用降阶法求之，按第一列展开，得

$$D_n^{(1)} = a_1 \begin{vmatrix} a_2 & b_2 & 0 & \cdots & 0 & 0 \\ 0 & a_3 & b_3 & \cdots & 0 & 0 \\ \vdots & \vdots & \vdots & & \vdots & \vdots \\ 0 & 0 & 0 & \cdots & a_{n-1} & b_{n-1} \\ 0 & 0 & 0 & \cdots & 0 & a_n \end{vmatrix} + (-1)^{1+n} b_n \begin{vmatrix} b_1 & 0 & 0 & \cdots & 0 & 0 \\ a_2 & b_2 & 0 & \cdots & 0 & 0 \\ \vdots & \vdots & \vdots & & \vdots & \vdots \\ 0 & 0 & 0 & \cdots & b_{n-2} & 0 \\ 0 & 0 & 0 & \cdots & a_{n-1} & b_{n-1} \end{vmatrix},$$

即

$$D_n^{(1)} = a_1 a_2 \cdots a_n + (-1)^{n+1} b_1 b_2 \cdots b_n.$$

同理可得

$$D_n^{(2)} = a_1 a_2 \cdots a_n + (-1)^{n+1} b_1 b_2 \cdots b_n.$$

注 常用到上述两个行列式的结果，请牢记.

3 解析 直接利用上例中 $D_n^{(1)}$ 的结果，即 $D_n^{(1)} = a_1 a_2 \cdots a_n + (-1)^{n+1} b_1 b_2 \cdots b_n$，得

$$原式 = a \cdot a \cdot \cdots \cdot a + (-1)^{n+1} b \cdot b \cdot \cdots \cdot b = a^n + (-1)^{n+1} b^n.$$

4 解析 先提取公因子，再将第一列(除第一个元素外)全部化成零，从而将 D_{n+1} 化成三角形行列式.

$$原式 = a_1 a_2 \cdots a_n \begin{vmatrix} a_0 & b_1 & b_2 & \cdots & b_n \\ d_1/a_1 & 1 & 0 & \cdots & 0 \\ d_2/a_2 & 0 & 1 & \cdots & 0 \\ \vdots & \vdots & \vdots & & \vdots \\ d_n/a_n & 0 & 0 & \cdots & 1 \end{vmatrix}$$

$$\xlongequal[i=1,2,\cdots,n]{c_1-(d_i/a_i)c_{i+1}} \begin{vmatrix} a_0 - \sum_{j=1}^{n} \frac{b_j d_j}{a_j} & b_1 & b_2 & \cdots & b_n \\ 0 & 1 & 0 & \cdots & 0 \\ 0 & 0 & 1 & \cdots & 0 \\ \vdots & \vdots & \vdots & & \vdots \\ 0 & 0 & 0 & \cdots & 1 \end{vmatrix} \cdot \prod_{i=1}^{n} a_i$$

$$=\prod_{i=1}^{n}a_i\left(a_0-\sum_{j=1}^{n}\frac{b_jd_j}{a_j}\right).$$

5 解析 通过观察,不难发现行列式元素排列的两个特点:每行及每列所有元素之和均为 $n+a$;除对角线以外,元素均为 1.利用这两个特点,结合行列式的性质,可以得到本题的求解思路.

方法一:由于行列式每一列元素之和都为 $n+a$,故将其余行均加到第一行,得

$$\text{原式}=\begin{vmatrix} n+a & n+a & n+a & \cdots & n+a \\ 1 & 1+a & 1 & \cdots & 1 \\ 1 & 1 & 1+a & \cdots & 1 \\ \vdots & \vdots & \vdots & & \vdots \\ 1 & 1 & 1 & \cdots & 1+a \end{vmatrix}$$

$$=(n+a)\begin{vmatrix} 1 & 1 & 1 & \cdots & 1 \\ 1 & 1+a & 1 & \cdots & 1 \\ 1 & 1 & 1+a & \cdots & 1 \\ \vdots & \vdots & \vdots & & \vdots \\ 1 & 1 & 1 & \cdots & 1+a \end{vmatrix}.$$

再将第一行的 -1 倍加到其他行,得

$$\begin{vmatrix} 1 & 1 & 1 & \cdots & 1 \\ 1 & 1+a & 1 & \cdots & 1 \\ 1 & 1 & 1+a & \cdots & 1 \\ \vdots & \vdots & \vdots & & \vdots \\ 1 & 1 & 1 & \cdots & 1+a \end{vmatrix}=\begin{vmatrix} 1 & 1 & 1 & \cdots & 1 \\ 0 & a & 0 & \cdots & 0 \\ 0 & 0 & a & \cdots & 0 \\ \vdots & \vdots & \vdots & & \vdots \\ 0 & 0 & 0 & \cdots & a \end{vmatrix}=a^{n-1}.$$

故原式 $=(n+a)a^{n-1}$.

方法二:由于每一行除了对角线以外元素均为 1,故直接将第一行的 -1 倍加至其他行,得

$$\begin{vmatrix} 1+a & 1 & 1 & \cdots & 1 \\ 1 & 1+a & 1 & \cdots & 1 \\ 1 & 1 & 1+a & \cdots & 1 \\ \vdots & \vdots & \vdots & & \vdots \\ 1 & 1 & 1 & \cdots & 1+a \end{vmatrix}=\begin{vmatrix} 1+a & 1 & 1 & \cdots & 1 \\ -a & a & 0 & \cdots & 0 \\ -a & 0 & a & \cdots & 0 \\ \vdots & \vdots & \vdots & & \vdots \\ -a & 0 & 0 & \cdots & a \end{vmatrix}.$$

这是一个爪形行列式,仿照前面爪形行列式的计算方法,将第一列的二至 n 行元素全化为 0,即将第二至 n 列都加到第一列,得

$$\begin{vmatrix} 1+a & 1 & 1 & \cdots & 1 \\ -a & a & 0 & \cdots & 0 \\ -a & 0 & a & \cdots & 0 \\ \vdots & \vdots & \vdots & & \vdots \\ -a & 0 & 0 & \cdots & a \end{vmatrix}=\begin{vmatrix} n+a & 1 & 1 & \cdots & 1 \\ 0 & a & 0 & \cdots & 0 \\ 0 & 0 & a & \cdots & 0 \\ \vdots & \vdots & \vdots & & \vdots \\ 0 & 0 & 0 & \cdots & a \end{vmatrix}=(n+a)a^{n-1}.$$

6 **解析** 将 D_5 按第一行展开得到 $D_5=(1-a)D_4+aD_3$，其中 D_3,D_4 分别是与 D_5 结构相同的三、四阶行列式.由此得到递推公式 $D_n=(1-a)D_{n-1}+aD_{n-2}$，$3\leqslant n\leqslant 5$.于是逐次递推得到

$$\begin{aligned}D_5&=(1-a)D_4+aD_3=(1-a)[(1-a)D_3+aD_2]+aD_3\\&=[(1-a)^2+a]D_3+a(1-a)D_2\\&=[(1-a)^2+a]\{[(1-a)D_2+a(1-a)]+a(1-a)\}\\&=1-a+a^2-a^3+a^4-a^5.\end{aligned}$$

注 (1) 递推法，是为 n 阶行列式 D_n 的计算量身定制的方法，借助于 D_n 与 D_{n-1} 之间的关系式.然而，如果 n 阶行列式 D_n 既与 D_{n-1} 有关，又与 D_{n-2} 有关，那么此时若用递推法来计算，则并不方便.这样的行列式又该如何计算呢？n 阶行列式的计算还有第二种量身定制的方法.

(2) 数学归纳法.若 n 阶行列式 D_n 与 D_{n-1}，D_{n-2} 都有关，并且行列式的值已知，或已通过计算相应的阶数较低的行列式猜想出行列式的值，则要想证明结论正确，可分三步走：

① 验证当 $n=1$，$n=2$ 时，结论正确；

② 假设当 $n<k$ 时，结论正确；

③ 证明当 $n=k$ 时，结论正确(须用到②中的假设).

用数学归纳法的关键是在此之前要先得到高阶与低阶行列式之间的关系式，比如下例.

7 **分析** 考虑本例的行列式与其低阶行列式之间的关系.记原式为 D_n，若按第一行展开，则

$$D_n=2a\begin{vmatrix}2a&1&&&&\\a^2&2a&1&&&\\&a^2&2a&1&&\\&&\ddots&\ddots&\ddots&\\&&&a^2&2a&1\\&&&&a^2&2a\end{vmatrix}_{(n-1)\times(n-1)}-\begin{vmatrix}a^2&1&&&&\\&2a&1&&&\\&a^2&2a&1&&\\&&\ddots&\ddots&\ddots&\\&&&a^2&2a&1\\&&&&a^2&2a\end{vmatrix}_{(n-1)\times(n-1)}$$

$$=2aD_{n-1}-a^2\begin{vmatrix}2a&1&&&\\a^2&2a&1&&\\&\ddots&\ddots&\ddots&\\&&a^2&2a&1\\&&&a^2&2a\end{vmatrix}_{(n-2)\times(n-2)}$$

$$=2aD_{n-1}-a^2D_{n-2}.$$

一旦得到了 D_n 与 D_{n-1}，D_{n-2} 之间的关系式，那么待证明进行到第③步时，便更加方便.

证 方法一：

当 $n=1$ 时，$D_1=2a$，结论正确；

当 $n=2$ 时，$D_2=\begin{vmatrix} 2a & 1 \\ a^2 & 2a \end{vmatrix}=3a^2$，结论正确.

假设当 $n<k$ 时，结论正确，则当 $n=k-1$ 时，$D_{k-1}=ka^{k-1}$；当 $n=k-2$ 时，$D_{k-2}=(k-1)a^{k-2}$.

于是，当 $n=k$ 时，

$$D_k=2aD_{k-1}-a^2D_{k-2}=2a\cdot ka^{k-1}-a^2\cdot(k-1)a^{k-2}=(k+1)a^k,$$

即 $D_n=(n+1)a^n$.

方法二：对于 n 阶三对角线形行列式的计算问题，常用数学归纳法.有时，还可转化为三角形行列式，比如本例也可按如下证法进行证明.

$$原式\xlongequal{r_2-\frac{1}{2}ar_1}\begin{vmatrix} 2a & 1 & & & & \\ 0 & \frac{3}{2}a & 1 & & & \\ & a^2 & 2a & 1 & & \\ & & \ddots & \ddots & \ddots & \\ & & & a^2 & 2a & 1 \\ & & & & a^2 & 2a \end{vmatrix}$$

$$\xlongequal{r_3-\frac{2}{3}ar_2}\begin{vmatrix} 2a & 1 & & & & \\ 0 & \frac{3}{2}a & 1 & & & \\ & 0 & \frac{4}{3}a & 1 & & \\ & & \ddots & \ddots & \ddots & \\ & & & a^2 & 2a & 1 \\ & & & & a^2 & 2a \end{vmatrix}$$

$$=\cdots\xlongequal{r_n-\frac{n-1}{n}ar_{n-1}}\begin{vmatrix} 2a & 1 & & & & \\ & \frac{3}{2}a & 1 & & & \\ & & \frac{4}{3}a & 1 & & \\ & & & \ddots & \ddots & \\ & & & & \frac{n}{n-1}a & 1 \\ & & & & & \frac{(n+1)}{n}a \end{vmatrix}$$

$$=(n+1)a^n.$$

第 2 章　初等变换

§2.1　初等变换入门

基础训练

1 (1) 解 $\begin{pmatrix}3&-1&5\\1&-1&2\\1&-2&-1\end{pmatrix}\xrightarrow{r_1\leftrightarrow r_3}\begin{pmatrix}1&-2&-1\\1&-1&2\\3&-1&5\end{pmatrix}\xrightarrow[r_3-3r_1]{r_2-r_1}\begin{pmatrix}1&-2&-1\\0&1&3\\0&5&8\end{pmatrix}$

$\xrightarrow{r_3-5r_2}\begin{pmatrix}1&-2&-1\\0&1&3\\0&0&-7\end{pmatrix}\xrightarrow{r_3\times\left(-\frac{1}{7}\right)}\begin{pmatrix}1&-2&-1\\0&1&3\\0&0&1\end{pmatrix}$

$\xrightarrow[r_2-3r_3]{r_1+r_3}\begin{pmatrix}1&-2&0\\0&1&0\\0&0&1\end{pmatrix}\xrightarrow{r_1+2r_2}\begin{pmatrix}1&0&0\\0&1&0\\0&0&1\end{pmatrix}.$

(2) 解 $\begin{pmatrix}1&3&4\\2&5&9\\3&7&14\end{pmatrix}\xrightarrow[r_3-3r_1]{r_2-2r_1}\begin{pmatrix}1&3&4\\0&-1&1\\0&-2&2\end{pmatrix}\xrightarrow[r_3-2r_2]{r_2\times(-1)}\begin{pmatrix}1&3&4\\0&1&-1\\0&0&0\end{pmatrix}$

$\xrightarrow{r_1-3r_2}\begin{pmatrix}1&0&7\\0&1&-1\\0&0&0\end{pmatrix}.$

(3) 解 $\begin{pmatrix}1&-1&3\\3&-3&5\\2&-2&2\end{pmatrix}\xrightarrow[r_3-2r_1]{r_2-3r_1}\begin{pmatrix}1&-1&3\\0&0&-4\\0&0&-4\end{pmatrix}\xrightarrow[r_2\times\left(-\frac{1}{4}\right)]{r_3-r_2}\begin{pmatrix}1&-1&3\\0&0&1\\0&0&0\end{pmatrix}$

$\xrightarrow{r_1-3r_2}\begin{pmatrix}1&-1&0\\0&0&1\\0&0&0\end{pmatrix}.$

(4) 解 $\begin{pmatrix}1&2&3\\2&4&6\\3&6&9\end{pmatrix}\xrightarrow[r_3-3r_1]{r_2-2r_1}\begin{pmatrix}1&2&3\\0&0&0\\0&0&0\end{pmatrix}.$

强化训练

1 (1) 解 $$\begin{pmatrix}2&-1&-1&1\\1&1&-2&1\\4&-6&2&-2\end{pmatrix}\xrightarrow[r_3\times\frac{1}{2}]{r_1\leftrightarrow r_2}\begin{pmatrix}1&1&-2&1\\2&-1&-1&1\\2&-3&1&-1\end{pmatrix}$$

$$\xrightarrow[r_3-2r_1]{r_2-r_3}\begin{pmatrix}1&1&-2&1\\0&2&-2&2\\0&-5&5&-3\end{pmatrix}$$

$$\xrightarrow[r_3+\frac{5}{2}r_2]{r_2\times\frac{1}{2}}\begin{pmatrix}1&1&-2&1\\0&1&-1&1\\0&0&0&2\end{pmatrix}\xrightarrow{r_3\times\frac{1}{2}}\begin{pmatrix}1&1&-2&1\\0&1&-1&1\\0&0&0&1\end{pmatrix}$$

$$\xrightarrow[r_2-r_3]{r_1-r_3}\begin{pmatrix}1&1&-2&0\\0&1&-1&0\\0&0&0&1\end{pmatrix}\xrightarrow{r_1-r_2}\begin{pmatrix}1&0&-1&0\\0&1&-1&0\\0&0&0&1\end{pmatrix}.$$

(2) 解 $$\begin{pmatrix}1&2&3&4\\2&3&4&5\\5&4&3&2\end{pmatrix}\xrightarrow[r_3-5r_1]{r_2-2r_1}\begin{pmatrix}1&2&3&4\\0&-1&-2&-3\\0&-6&-12&-18\end{pmatrix}\xrightarrow[r_2\times(-1)]{r_3-6r_2}\begin{pmatrix}1&2&3&4\\0&1&2&3\\0&0&0&0\end{pmatrix}$$

$$\xrightarrow{r_1-2r_2}\begin{pmatrix}1&0&-1&-2\\0&1&2&3\\0&0&0&0\end{pmatrix}.$$

(3) 解 $$\begin{pmatrix}1&0&2&-1\\2&0&3&1\\3&0&4&3\end{pmatrix}\xrightarrow[r_3-3r_1]{r_2-2r_1}\begin{pmatrix}1&0&2&-1\\0&0&-1&3\\0&0&-2&6\end{pmatrix}\xrightarrow[r_1+2r_2]{r_3-2r_2}\begin{pmatrix}1&0&0&5\\0&0&-1&3\\0&0&0&0\end{pmatrix}$$

$$\xrightarrow{r_2\times(-1)}\begin{pmatrix}1&0&0&5\\0&0&1&-3\\0&0&0&0\end{pmatrix}.$$

(4) 解 $$\begin{pmatrix}0&2&-3&1\\0&3&-4&3\\0&4&-7&-1\end{pmatrix}\xrightarrow[r_3-2r_1]{r_2-r_1}\begin{pmatrix}0&2&-3&1\\0&1&-1&2\\0&0&-1&-3\end{pmatrix}\xrightarrow[r_2-2r_1]{r_1\leftrightarrow r_2}\begin{pmatrix}0&1&-1&2\\0&0&-1&-3\\0&0&-1&-3\end{pmatrix}$$

$$\xrightarrow[r_1-r_2]{r_3-r_2}\begin{pmatrix}0&1&0&5\\0&0&-1&-3\\0&0&0&0\end{pmatrix}\xrightarrow{r_2\times(-1)}\begin{pmatrix}0&1&0&5\\0&0&1&3\\0&0&0&0\end{pmatrix}.$$

(5) 解 $\begin{pmatrix}3&-2&0&-1\\0&2&2&1\\1&-2&-3&-2\\0&1&2&1\end{pmatrix}\xrightarrow[r_3-3r_1]{r_1\leftrightarrow r_3}\begin{pmatrix}1&-2&-3&-2\\0&2&2&1\\0&4&9&5\\0&1&2&1\end{pmatrix}$

$\xrightarrow[\substack{r_2-2r_4\\r_3-4r_4}]{r_1+2r_4}\begin{pmatrix}1&0&1&0\\0&0&-2&-1\\0&0&1&1\\0&1&2&1\end{pmatrix}\xrightarrow{r_2\leftrightarrow r_4}\begin{pmatrix}1&0&1&0\\0&1&2&1\\0&0&1&1\\0&0&-2&-1\end{pmatrix}$

$\xrightarrow[r_4+2r_3]{\substack{r_1-r_3\\r_2-2r_3}}\begin{pmatrix}1&0&0&-1\\0&1&0&-1\\0&0&1&1\\0&0&0&1\end{pmatrix}\xrightarrow[r_3-r_4]{\substack{r_1+r_4\\r_2+r_4}}\begin{pmatrix}1&0&0&0\\0&1&0&0\\0&0&1&0\\0&0&0&1\end{pmatrix}.$

(6) 解 $\begin{pmatrix}1&1&2&2\\0&2&1&5\\2&0&3&-1\\1&1&0&4\end{pmatrix}\xrightarrow[r_4-r_1]{r_3-2r_1}\begin{pmatrix}1&1&2&2\\0&2&1&5\\0&-2&-1&-5\\0&0&-2&2\end{pmatrix}$

$\xrightarrow[\substack{r_4\times\left(-\frac{1}{2}\right)\\r_4\leftrightarrow r_3}]{r_3+r_2}\begin{pmatrix}1&1&2&2\\0&2&1&5\\0&0&1&-1\\0&0&0&0\end{pmatrix}\xrightarrow[r_2-r_3]{r_1-2r_3}\begin{pmatrix}1&1&0&4\\0&2&0&6\\0&0&1&-1\\0&0&0&0\end{pmatrix}$

$\xrightarrow[r_1-r_2]{r_2\times\frac{1}{2}}\begin{pmatrix}1&0&0&1\\0&1&0&3\\0&0&1&-1\\0&0&0&0\end{pmatrix}.$

(7) 解 $\begin{pmatrix}1&-1&3&-4&3\\3&-3&5&-4&1\\2&-2&3&-2&0\\3&-3&4&-2&-1\end{pmatrix}\xrightarrow[\substack{r_3-2r_1\\r_4-3r_1}]{r_2-3r_1}\begin{pmatrix}1&-1&3&-4&3\\0&0&-4&8&-8\\0&0&-3&6&-6\\0&0&-5&10&-10\end{pmatrix}$

$\xrightarrow{r_2\times\left(-\frac{1}{4}\right)}\begin{pmatrix}1&-1&3&-4&3\\0&0&1&-2&2\\0&0&-3&6&-6\\0&0&-5&10&-10\end{pmatrix}$

$\xrightarrow[\substack{r_3+3r_2\\r_4+5r_2}]{r_1-3r_2}\begin{pmatrix}1&-1&0&2&-3\\0&0&1&-2&2\\0&0&0&0&0\\0&0&0&0&0\end{pmatrix}.$

(8) 解 $\begin{pmatrix} 2 & 3 & 1 & -3 & -7 \\ 1 & 2 & 0 & -2 & -4 \\ 3 & -2 & 8 & 3 & 0 \\ 2 & -3 & 7 & 4 & 3 \end{pmatrix} \xrightarrow{r_1 \leftrightarrow r_2} \begin{pmatrix} 1 & 2 & 0 & -2 & -4 \\ 2 & 3 & 1 & -3 & -7 \\ 3 & -2 & 8 & 3 & 0 \\ 2 & -3 & 7 & 4 & 3 \end{pmatrix}$

$$\xrightarrow[r_4-2r_1]{\substack{r_2-2r_1 \\ r_3-3r_1}} \begin{pmatrix} 1 & 2 & 0 & -2 & -4 \\ 0 & -1 & 1 & 1 & 1 \\ 0 & -8 & 8 & 9 & 12 \\ 0 & -7 & 7 & 8 & 11 \end{pmatrix}$$

$$\xrightarrow[\substack{r_3-8r_2 \\ r_4-7r_2}]{r_1+2r_2} \begin{pmatrix} 1 & 0 & 2 & 0 & -2 \\ 0 & -1 & 1 & 1 & 1 \\ 0 & 0 & 0 & 1 & 4 \\ 0 & 0 & 0 & 1 & 4 \end{pmatrix}$$

$$\xrightarrow[r_4-r_3]{r_2\times(-1)} \begin{pmatrix} 1 & 0 & 2 & 0 & -2 \\ 0 & 1 & -1 & -1 & -1 \\ 0 & 0 & 0 & 1 & 4 \\ 0 & 0 & 0 & 0 & 0 \end{pmatrix}$$

$$\xrightarrow{r_2+r_3} \begin{pmatrix} 1 & 0 & 2 & 0 & -2 \\ 0 & 1 & -1 & 0 & 3 \\ 0 & 0 & 0 & 1 & 4 \\ 0 & 0 & 0 & 0 & 0 \end{pmatrix}.$$

§ 2.2 矩阵的秩

基础训练

1 (1) 解 方法一:

$$\boldsymbol{A} = \begin{pmatrix} 0 & 2 & 1 \\ 2 & -1 & 3 \\ -3 & 3 & -4 \end{pmatrix} \xrightarrow{r_3+r_2} \begin{pmatrix} 0 & 2 & 1 \\ 2 & -1 & 3 \\ -1 & 2 & -1 \end{pmatrix} \xrightarrow[r_1 \leftrightarrow r_3]{r_2+2r_3} \begin{pmatrix} -1 & 2 & -1 \\ 0 & 3 & 1 \\ 0 & 2 & 1 \end{pmatrix}$$

$$\xrightarrow[r_2-r_3]{r_1\times(-1)} \begin{pmatrix} 1 & -2 & 1 \\ 0 & 1 & 0 \\ 0 & 2 & 1 \end{pmatrix} \xrightarrow{r_3-2r_2} \begin{pmatrix} 1 & -2 & 1 \\ 0 & 1 & 0 \\ 0 & 0 & 1 \end{pmatrix}.$$

故 $r(\boldsymbol{A})=3$.最高阶非零子式为整个 3 阶方阵的行列式 $\begin{vmatrix} 0 & 2 & 1 \\ 2 & -1 & 3 \\ -3 & 3 & 4 \end{vmatrix} \neq 0$.

方法二:由于 $|\boldsymbol{A}| = \begin{vmatrix} 0 & 2 & 1 \\ 2 & -1 & 3 \\ -3 & 3 & -4 \end{vmatrix} = 1 \neq 0$,故方阵 $\boldsymbol{A}_{3\times 3}$ 满秩,此时 $r(\boldsymbol{A})=3$.

(2) 解 $\boldsymbol{A}=\begin{pmatrix}1&2&4\\3&6&12\\2&4&8\end{pmatrix}\xrightarrow[r_3-2r_1]{r_2-3r_1}\begin{pmatrix}1&2&4\\0&0&0\\0&0&0\end{pmatrix}$.

故 $r(\boldsymbol{A})=1$，最高阶非零子式 $|1|=1\neq0$（不唯一，如 $|6|\neq0$，$|8|\neq0$）.

注 由该题可以看出规律，$r(\boldsymbol{A})=1\Leftrightarrow$ 矩阵 $\boldsymbol{A}$ 的行(列)对应的元素均成比例.

(3) 解 $\boldsymbol{A}=\begin{pmatrix}3&1&0&2\\1&-1&2&-1\\1&3&-4&4\end{pmatrix}\xrightarrow{r_1\leftrightarrow r_2}\begin{pmatrix}1&-1&2&-1\\3&1&0&2\\1&3&-4&4\end{pmatrix}$

$$\xrightarrow[r_3-r_1]{r_2-3r_1}\begin{pmatrix}1&-1&2&-1\\0&4&-6&5\\0&4&-6&5\end{pmatrix}\xrightarrow{r_3-r_2}\begin{pmatrix}1&-1&2&-1\\0&4&-6&5\\0&0&0&0\end{pmatrix}.$$

故 $r(\boldsymbol{A})=2$，最高阶非零子式取 $\begin{vmatrix}3&1\\1&-1\end{vmatrix}\neq0$（不唯一，如 $\begin{vmatrix}3&0\\1&2\end{vmatrix}\neq0$，$\begin{vmatrix}3&2\\1&-1\end{vmatrix}\neq0$）.

(4) 解 $\boldsymbol{A}=\begin{pmatrix}3&2&-1&-3&-1\\2&-1&3&1&-3\\7&0&5&-1&-8\end{pmatrix}\xrightarrow{r_1-r_2}\begin{pmatrix}1&3&-4&-4&2\\2&-1&3&1&-3\\7&0&5&-1&-8\end{pmatrix}$

$$\xrightarrow[r_3-7r_1]{r_2-2r_1}\begin{pmatrix}1&3&-4&-4&2\\0&-7&11&9&-7\\0&-21&33&27&-22\end{pmatrix}\xrightarrow{r_3-3r_2}\begin{pmatrix}1&3&-4&-4&2\\0&-7&11&9&-7\\0&0&0&0&-1\end{pmatrix}.$$

故 $r(\boldsymbol{A})=3$，取第一、二、五列组成的 3 阶最高阶非零子式 $\begin{vmatrix}3&2&-1\\2&-1&-3\\7&0&-8\end{vmatrix}\neq0$（不唯一，如 $\begin{vmatrix}3&-1&-1\\2&3&-3\\7&5&-8\end{vmatrix}\neq0$，$\begin{vmatrix}3&-3&-1\\2&1&-3\\7&-1&-8\end{vmatrix}\neq0$）.

(5) 解 $\boldsymbol{A}=\begin{pmatrix}2&1&8&3&7\\2&-3&0&7&-5\\3&-2&5&8&0\\1&0&3&2&0\end{pmatrix}\xrightarrow{r_1\leftrightarrow r_4}\begin{pmatrix}1&0&3&2&0\\2&-3&0&7&-5\\3&-2&5&8&0\\2&1&8&3&7\end{pmatrix}$

$$\xrightarrow[\substack{r_3-3r_1\\r_4-2r_1}]{r_2-2r_1}\begin{pmatrix}1&0&3&2&0\\0&-3&-6&3&-5\\0&-2&-4&2&0\\0&1&2&-1&7\end{pmatrix}\xrightarrow{r_2\leftrightarrow r_4}\begin{pmatrix}1&0&3&2&0\\0&1&2&-1&7\\0&-2&-4&2&0\\0&-3&-6&3&-5\end{pmatrix}$$

$$\xrightarrow[r_4+3r_2]{r_3+2r_2}\begin{pmatrix}1&0&3&2&0\\0&1&2&-1&7\\0&0&0&0&14\\0&0&0&0&16\end{pmatrix}\xrightarrow[r_4-16r_3]{r_3\times\frac{1}{14}}\begin{pmatrix}1&0&3&2&0\\0&1&2&-1&7\\0&0&0&0&1\\0&0&0&0&0\end{pmatrix}.$$

故 $r(\boldsymbol{A})=3$,最高阶非零子式为 $\begin{vmatrix}2&1&7\\2&-3&-5\\1&0&0\end{vmatrix}\neq0$(不唯一,如 $\begin{vmatrix}2&-3&-5\\3&-2&0\\1&0&0\end{vmatrix}\neq0$).

强化训练

1 解 通过初等行变换将 $\boldsymbol{A}$ 化为行阶梯形.

$$\boldsymbol{A}=\begin{pmatrix}1&1&-2&3&0\\2&1&-6&4&-1\\3&2&a&7&-1\\1&-1&-6&-1&b\end{pmatrix}\xrightarrow[\substack{r_3-3r_1\\r_4-r_1}]{r_2-2r_1}\begin{pmatrix}1&1&-2&3&0\\0&-1&-2&-2&-1\\0&-1&a+6&-2&-1\\0&-2&-4&-4&b\end{pmatrix}$$

$$\xrightarrow{\substack{r_3-r_2\\r_4-2r_2}}\begin{pmatrix}1&1&-2&3&0\\0&-1&-2&-2&-1\\0&0&a+8&0&0\\0&0&0&0&b+2\end{pmatrix}.$$

① 当 $a=-8,b=-2$ 时,$r(\boldsymbol{A})=2$;

② 当 $a=-8,b\neq-2$ 时,$r(\boldsymbol{A})=3$;

③ 当 $a\neq-8,b=-2$ 时,$r(\boldsymbol{A})=3$;

④ 当 $a\neq-8,b\neq-2$ 时,$r(\boldsymbol{A})=4$.

2 解 (1) 由规律可知,$r(\boldsymbol{A})=1\Leftrightarrow$矩阵 $\boldsymbol{A}$ 的行(列)元素对应成比例,故当 $k=1$ 时,$r(\boldsymbol{A})=1$.

$$\boldsymbol{A}=\begin{pmatrix}1&-2&3k\\-1&2k&-3\\k&-2&3\end{pmatrix}\xrightarrow[r_3-kr_1]{r_2+r_1}\begin{pmatrix}1&-2&3k\\0&2(k-1)&3(k-1)\\0&2(k-1)&3(1-k^2)\end{pmatrix}$$

$$\xrightarrow{r_3-r_2}\begin{pmatrix}1&-2&3k\\0&2(k-1)&3(k-1)\\0&0&-3(k+2)(k-1)\end{pmatrix}.$$

(2) 当 $k=-2$ 时,$\boldsymbol{A}\to\begin{pmatrix}1&-2&-6\\0&-6&-9\\0&0&0\end{pmatrix}$,$r(\boldsymbol{A})=2$.

(3) 当 $k\neq1$ 且 $k\neq-2$ 时,$r(\boldsymbol{A})=3$.

3 **解** 方法一：

$$\boldsymbol{A}=\begin{pmatrix}1&a&a&\cdots&a\\a&1&a&\cdots&a\\a&a&1&\cdots&a\\\vdots&\vdots&\vdots&&\vdots\\a&a&a&\cdots&1\end{pmatrix}\xrightarrow[c_1+c_n]{\substack{c_1+c_2\\c_1+c_3\\\vdots}}\begin{pmatrix}1+(n-1)a&a&a&\cdots&a\\1+(n-1)a&1&a&\cdots&a\\1+(n-1)a&a&1&\cdots&a\\\vdots&\vdots&\vdots&&\vdots\\1+(n-1)a&a&a&\cdots&1\end{pmatrix}$$

$$\xrightarrow[r_n-r_1]{\substack{r_2-r_1\\r_3-r_1\\\vdots}}\begin{pmatrix}1+(n-1)a&a&a&\cdots&a\\0&1-a&0&\cdots&0\\0&0&1-a&\cdots&0\\\vdots&\vdots&\vdots&&\vdots\\0&0&0&\cdots&1-a\end{pmatrix}.$$

所以，① 当 $a\neq1$ 且 $a\neq\dfrac{1}{1-n}$ 时，$r(\boldsymbol{A})=n$；

② 当 $a=1$ 时，$r(\boldsymbol{A})=1$；

③ 当 $a=\dfrac{1}{1-n}$ 时，$r(\boldsymbol{A})=n-1$.

方法二：由于 $|\boldsymbol{A}|=[1+(n-1)a](1-a)^{n-1}$，所以

① 当 $a\neq1$ 且 $a\neq\dfrac{1}{1-n}$ 时，$|\boldsymbol{A}|\neq0\Leftrightarrow r(\boldsymbol{A})=n$；

② 当 $a=1$ 时，$\boldsymbol{A}$ 对应元素成比例 $\Leftrightarrow r(\boldsymbol{A})=1$；

③ 当 $a=\dfrac{1}{1-n}$ 时，

$$\boldsymbol{A}=\frac{1}{1-n}\begin{pmatrix}1-n&1&1&\cdots&1\\1&1-n&1&\cdots&1\\1&1&1-n&\cdots&1\\\vdots&\vdots&\vdots&&\vdots\\1&1&1&\cdots&1-n\end{pmatrix}$$

$$\xrightarrow[j=2,3,\cdots,n]{c_1+c_j}\frac{1}{1-n}\begin{pmatrix}0&1&1&\cdots&1\\0&1-n&1&\cdots&1\\0&1&1-n&\cdots&1\\\vdots&\vdots&\vdots&&\vdots\\0&0&1&\cdots&1-n\end{pmatrix}$$

$$\xrightarrow[i=2,3,\cdots,n]{r_i-r_1}\frac{1}{1-n}\begin{pmatrix}0&1&1&\cdots&1\\0&-n&0&\cdots&0\\0&0&-n&\cdots&0\\\vdots&\vdots&\vdots&&\vdots\\0&0&0&\cdots&-n\end{pmatrix}.$$

故 $r(\boldsymbol{A})=n-1$.

注 由于初等变换不改变秩,所以在判断矩阵的秩时可将初等行变换与初等列变换混合使用,将矩阵化为行阶梯形.但在求逆矩阵与解线性方程组时不能将初等变换混合使用.

§2.3 可逆矩阵

基础训练

1 (1) **解** $(\boldsymbol{E}_{12}\mid\boldsymbol{E})=\left(\begin{array}{ccc|ccc}0&1&0&1&0&0\\1&0&0&0&1&0\\0&0&1&0&0&1\end{array}\right)\xrightarrow{r_1\leftrightarrow r_2}\left(\begin{array}{ccc|ccc}1&0&0&0&1&0\\0&1&0&1&0&0\\0&0&1&0&0&1\end{array}\right)$,

故 $\boldsymbol{E}_{12}^{-1}=\boldsymbol{E}_{12}$.

(2) **解** $(\boldsymbol{E}_2(3)\mid\boldsymbol{E})=\left(\begin{array}{ccc|ccc}1&0&0&1&0&0\\0&3&0&0&1&0\\0&0&1&0&0&1\end{array}\right)\xrightarrow{r_2\times\frac{1}{3}}\left(\begin{array}{ccc|ccc}1&0&0&1&0&0\\0&1&0&0&\frac{1}{3}&0\\0&0&1&0&0&1\end{array}\right)$,

故 $\boldsymbol{E}_2^{-1}(3)=\boldsymbol{E}_2\left(\frac{1}{3}\right)$.

(3) **解** $(\boldsymbol{E}_{12}(5)\mid\boldsymbol{E})=\left(\begin{array}{ccc|ccc}1&5&0&1&0&0\\0&1&0&0&1&0\\0&0&1&0&0&1\end{array}\right)\xrightarrow{r_1-5r_2}\left(\begin{array}{ccc|ccc}1&0&0&1&-5&0\\0&1&0&0&1&0\\0&0&1&0&0&1\end{array}\right)$,

故 $\boldsymbol{E}_{12}^{-1}(5)=\boldsymbol{E}_{12}(-5)$.

(4) **解** 对于 $\boldsymbol{E}_{ij}=\begin{pmatrix}1&&&&&&&&&\\&\ddots&&&&&&&&\\&&1&&&&&&&\\&&&0&0&\cdots&0&1&&\\&&&0&1&\cdots&0&0&&\\&&&\vdots&\vdots&\ddots&\vdots&\vdots&&\\&&&0&0&\cdots&1&0&&\\&&&1&0&\cdots&0&0&&\\&&&&&&&&1&\\&&&&&&&&&\ddots\\&&&&&&&&&&1\end{pmatrix}\begin{matrix}\\\\\\\leftarrow i\\\\\\\\\leftarrow j\\\\\\\\\end{matrix}$,

$$(\boldsymbol{E}_{ij}\mid\boldsymbol{E})\xrightarrow{r_i\leftrightarrow r_j}(\boldsymbol{E}\mid\boldsymbol{E}_{ij}),$$

故 $\boldsymbol{E}_{ij}^{-1}=\boldsymbol{E}_{ij}$.

(5) 解　对于 $\boldsymbol{E}_i(k)=\begin{pmatrix}1&&&&&&\\&\ddots&&&&&\\&&1&&&&\\&&&k&&&\\&&&&1&&\\&&&&&\ddots&\\&&&&&&1\end{pmatrix}\leftarrow i$,

$$(\boldsymbol{E}_i(k)\mid\boldsymbol{E})\xrightarrow{r_i\times\frac{1}{k}}\left(\boldsymbol{E}\mid\boldsymbol{E}_i\left(\frac{1}{k}\right)\right),$$

故 $\boldsymbol{E}_i^{-1}(k)=\boldsymbol{E}_i\left(\frac{1}{k}\right)$.

(6) 解　对于 $\boldsymbol{E}_{ij}(k)=\begin{pmatrix}1&&&&&&\\&\ddots&&&&&\\&&1&k&&&\\&&&\ddots&&&\\&&&&1&&\\&&&&&\ddots&\\&&&&&&1\end{pmatrix}\begin{matrix}\\\\\leftarrow i\\\\\leftarrow j\\\\\\\end{matrix}$,

$$(\boldsymbol{E}_{ij}(k)\mid\boldsymbol{E})\xrightarrow{r_i-kr_j}(\boldsymbol{E}\mid\boldsymbol{E}_{ij}(-k)),$$

故 $\boldsymbol{E}_{ij}^{-1}(k)=\boldsymbol{E}_{ij}(-k)$.

强化训练

1 (1) 解　$(\boldsymbol{A}\mid\boldsymbol{E})=\left(\begin{array}{cc|cc}1&2&1&0\\2&5&0&1\end{array}\right)\xrightarrow{r_2-2r_1}\left(\begin{array}{cc|cc}1&2&1&0\\0&1&-2&1\end{array}\right)$

$$\xrightarrow{r_1-2r_2}\left(\begin{array}{cc|cc}1&0&5&-2\\0&1&-2&1\end{array}\right),$$

故 $\boldsymbol{A}^{-1}=\begin{pmatrix}5&-2\\-2&1\end{pmatrix}$.

(2) 解　$(\boldsymbol{A}\mid\boldsymbol{E})=\left(\begin{array}{ccc|ccc}1&2&-3&1&0&0\\0&1&2&0&1&0\\0&0&1&0&0&1\end{array}\right)\xrightarrow{r_2-2r_3}\left(\begin{array}{ccc|ccc}1&2&-3&1&0&0\\0&1&0&0&1&-2\\0&0&1&0&0&1\end{array}\right)$

$$\xrightarrow{r_1-2r_2}\left(\begin{array}{ccc|ccc}1&0&-3&1&-2&4\\0&1&0&0&1&-2\\0&0&1&0&0&1\end{array}\right)$$

$$\xrightarrow{r_1+3r_3}\left(\begin{array}{ccc|ccc}1&0&0&1&-2&7\\0&1&0&0&1&-2\\0&0&1&0&0&1\end{array}\right),$$

故 $\boldsymbol{A}^{-1}=\begin{pmatrix}1 & -2 & 7\\ 0 & 1 & -2\\ 0 & 0 & 1\end{pmatrix}$.

（3）解 $(\boldsymbol{A}\mid\boldsymbol{E})=\left(\begin{array}{ccc|ccc}3 & 2 & 1 & 1 & 0 & 0\\ 3 & 1 & 5 & 0 & 1 & 0\\ 3 & 2 & 3 & 0 & 0 & 1\end{array}\right)\xrightarrow[r_3-r_1]{r_2-r_1}\left(\begin{array}{ccc|ccc}3 & 2 & 1 & 1 & 0 & 0\\ 0 & -1 & 4 & -1 & 1 & 0\\ 0 & 0 & 2 & -1 & 0 & 1\end{array}\right)$

$$\xrightarrow{r_1+2r_2}\left(\begin{array}{ccc|ccc}3 & 0 & 9 & -1 & 2 & 0\\ 0 & -1 & 4 & -1 & 1 & 0\\ 0 & 0 & 2 & -1 & 0 & 1\end{array}\right)$$

$$\xrightarrow[\substack{r_2\times(-1)\\ r_3\times\frac{1}{2}}]{r_1\times\frac{1}{3}}\left(\begin{array}{ccc|ccc}1 & 0 & 3 & -\frac{1}{3} & \frac{2}{3} & 0\\ 0 & 1 & -4 & 1 & -1 & 0\\ 0 & 0 & 1 & -\frac{1}{2} & 0 & \frac{1}{2}\end{array}\right)$$

$$\xrightarrow[r_2+4r_3]{r_1-3r_3}\left(\begin{array}{ccc|ccc}1 & 0 & 0 & \frac{7}{6} & \frac{2}{3} & -\frac{3}{2}\\ 0 & 1 & 0 & -1 & -1 & 2\\ 0 & 0 & 1 & -\frac{1}{2} & 0 & \frac{1}{2}\end{array}\right),$$

故 $\boldsymbol{A}^{-1}=\begin{pmatrix}\frac{7}{6} & \frac{2}{3} & -\frac{3}{2}\\ -1 & -1 & 2\\ -\frac{1}{2} & 0 & \frac{1}{2}\end{pmatrix}$.

（4）解 $(\boldsymbol{A}\mid\boldsymbol{E})=\left(\begin{array}{ccc|ccc}1 & 1 & -1 & 1 & 0 & 0\\ 2 & 1 & 0 & 0 & 1 & 0\\ 1 & -1 & 0 & 0 & 0 & 1\end{array}\right)\xrightarrow[r_3-r_1]{r_2-2r_1}\left(\begin{array}{ccc|ccc}1 & 1 & -1 & 1 & 0 & 0\\ 0 & -1 & 2 & -2 & 1 & 0\\ 0 & -2 & 1 & -1 & 0 & 1\end{array}\right)$

$$\xrightarrow{r_3-2r_2}\left(\begin{array}{ccc|ccc}1 & 1 & -1 & 1 & 0 & 0\\ 0 & -1 & 2 & -2 & 1 & 0\\ 0 & 0 & -3 & 3 & -2 & 1\end{array}\right)$$

$$\xrightarrow{r_3\times\left(-\frac{1}{3}\right)}\left(\begin{array}{ccc|ccc}1 & 1 & -1 & 1 & 0 & 0\\ 0 & -1 & 2 & -2 & 1 & 0\\ 0 & 0 & 1 & -1 & \frac{2}{3} & -\frac{1}{3}\end{array}\right)$$

$$\xrightarrow{r_2-2r_3}\left(\begin{array}{ccc|ccc}1 & 1 & -1 & 1 & 0 & 0\\ 0 & -1 & 0 & 0 & -\frac{1}{3} & \frac{2}{3}\\ 0 & 0 & 1 & -1 & \frac{2}{3} & -\frac{1}{3}\end{array}\right)$$

$$\xrightarrow[r_1+r_3]{r_2\times(-1)}\left(\begin{array}{ccc|ccc}1&1&0&0&\frac{2}{3}&-\frac{1}{3}\\0&1&0&0&\frac{1}{3}&-\frac{2}{3}\\0&0&1&-1&\frac{2}{3}&-\frac{1}{3}\end{array}\right)$$

$$\xrightarrow{r_1-r_2}\left(\begin{array}{ccc|ccc}1&0&0&0&\frac{1}{3}&\frac{1}{3}\\0&1&0&0&\frac{1}{3}&-\frac{2}{3}\\0&0&1&-1&\frac{2}{3}&-\frac{1}{3}\end{array}\right),$$

故 $\boldsymbol{A}^{-1}=\begin{pmatrix}0&\frac{1}{3}&\frac{1}{3}\\0&\frac{1}{3}&-\frac{2}{3}\\-1&\frac{2}{3}&-\frac{1}{3}\end{pmatrix}$.

（5）解 $(\boldsymbol{A}\mid\boldsymbol{E})=\left(\begin{array}{ccc|ccc}1&2&2&1&0&0\\2&1&-2&0&1&0\\2&-2&1&0&0&1\end{array}\right)\xrightarrow[r_3-2r_1]{r_2-2r_1}\left(\begin{array}{ccc|ccc}1&2&2&1&0&0\\0&-3&-6&-2&1&0\\0&-6&-3&-2&0&1\end{array}\right)$

$$\xrightarrow[r_3\times\left(-\frac{1}{3}\right)]{r_2\times\left(-\frac{1}{3}\right)}\left(\begin{array}{ccc|ccc}1&2&2&1&0&0\\0&1&2&\frac{2}{3}&-\frac{1}{3}&0\\0&2&1&\frac{2}{3}&0&-\frac{1}{3}\end{array}\right)$$

$$\xrightarrow{r_3-2r_2}\left(\begin{array}{ccc|ccc}1&2&2&1&0&0\\0&1&2&\frac{2}{3}&-\frac{1}{3}&0\\0&0&-3&-\frac{2}{3}&\frac{2}{3}&-\frac{1}{3}\end{array}\right)$$

$$\xrightarrow[r_2-2r_3]{r_3\times\left(-\frac{1}{3}\right)}\left(\begin{array}{ccc|ccc}1&2&2&1&0&0\\0&1&0&\frac{2}{9}&\frac{1}{9}&-\frac{2}{9}\\0&0&1&\frac{2}{9}&-\frac{2}{9}&\frac{1}{9}\end{array}\right)$$

$$\xrightarrow{r_1-2r_2}\left(\begin{array}{ccc|ccc}1&0&2&\frac{5}{9}&-\frac{2}{9}&\frac{4}{9}\\0&1&0&\frac{2}{9}&\frac{1}{9}&-\frac{2}{9}\\0&0&1&\frac{2}{9}&-\frac{2}{9}&\frac{1}{9}\end{array}\right)$$

$$\xrightarrow{r_1-2r_3}\left(\begin{array}{ccc|ccc}1&0&0&\frac{1}{9}&\frac{2}{9}&\frac{2}{9}\\0&1&0&\frac{2}{9}&\frac{1}{9}&-\frac{2}{9}\\0&0&1&\frac{2}{9}&-\frac{2}{9}&\frac{1}{9}\end{array}\right),$$

故 $\boldsymbol{A}^{-1}=\frac{1}{9}\begin{pmatrix}1&2&2\\2&1&-2\\2&-2&1\end{pmatrix}$.

(6) 解 $(\boldsymbol{A}\mid\boldsymbol{E})=\left(\begin{array}{ccc|ccc}2&2&3&1&0&0\\1&-1&0&0&1&0\\-1&2&1&0&0&1\end{array}\right)$

$$\xrightarrow{r_1\leftrightarrow r_2}\left(\begin{array}{ccc|ccc}1&-1&0&0&1&0\\2&2&3&1&0&0\\-1&2&1&0&0&1\end{array}\right)$$

$$\xrightarrow[r_3+r_1]{r_2-2r_1}\left(\begin{array}{ccc|ccc}1&-1&0&0&1&0\\0&4&3&1&-2&0\\0&1&1&0&1&1\end{array}\right)$$

$$\xrightarrow{r_2\leftrightarrow r_3}\left(\begin{array}{ccc|ccc}1&-1&0&0&1&0\\0&1&1&0&1&1\\0&4&3&1&-2&0\end{array}\right)$$

$$\xrightarrow{r_3-4r_2}\left(\begin{array}{ccc|ccc}1&-1&0&0&1&0\\0&1&1&0&1&1\\0&0&-1&1&-6&-4\end{array}\right)$$

$$\xrightarrow[r_2-r_3]{r_3\times(-1)}\left(\begin{array}{ccc|ccc}1&-1&0&0&1&0\\0&1&0&1&-5&-3\\0&0&1&-1&6&4\end{array}\right)$$

$$\xrightarrow{r_1+r_2}\left(\begin{array}{ccc|ccc}1&0&0&1&-4&-3\\0&1&0&1&-5&-3\\0&0&1&-1&6&4\end{array}\right),$$

故 $\boldsymbol{A}^{-1}=\begin{pmatrix}1&-4&-3\\1&-5&-3\\-1&6&4\end{pmatrix}$.

2 (1) 解 $(\boldsymbol{A}\mid\boldsymbol{E})=\left(\begin{array}{cccc|cccc}3&-2&0&-1&1&0&0&0\\0&2&2&1&0&1&0&0\\1&-2&-3&-2&0&0&1&0\\0&1&2&1&0&0&0&1\end{array}\right)$

$$\xrightarrow{r_1\leftrightarrow r_3}\left(\begin{array}{cccc|cccc}1&-2&-3&-2&0&0&1&0\\0&2&2&1&0&1&0&0\\3&-2&0&-1&1&0&0&0\\0&1&2&1&0&0&0&1\end{array}\right)$$

$$\xrightarrow{r_3-3r_1}\left(\begin{array}{cccc|cccc}1&-2&-3&-2&0&0&1&0\\0&2&2&1&0&1&0&0\\0&4&9&5&1&0&-3&0\\0&1&2&1&0&0&0&1\end{array}\right)$$

$$\xrightarrow[\substack{r_2-2r_4\\ r_3-4r_4}]{r_1+2r_4}\left(\begin{array}{cccc|cccc}1&0&1&0&0&0&1&2\\0&0&-2&-1&0&1&0&-2\\0&0&1&1&1&0&-3&-4\\0&1&2&1&0&0&0&1\end{array}\right)$$

$$\xrightarrow{r_2\leftrightarrow r_4}\left(\begin{array}{cccc|cccc}1&0&1&0&0&0&1&2\\0&1&2&1&0&0&0&1\\0&0&1&1&1&0&-3&-4\\0&0&-2&-1&0&1&0&-2\end{array}\right)$$

$$\xrightarrow[\substack{r_2-2r_3\\ r_4+2r_3}]{r_1-r_3}\left(\begin{array}{cccc|cccc}1&0&0&-1&-1&0&4&6\\0&1&0&-1&-2&0&6&9\\0&0&1&1&1&0&-3&-4\\0&0&0&1&2&1&-6&-10\end{array}\right)$$

$$\xrightarrow[\substack{r_2+r_4\\ r_3-r_4}]{r_1+r_4}\left(\begin{array}{cccc|cccc}1&0&0&0&1&1&-2&-4\\0&1&0&0&0&1&0&-1\\0&0&1&0&-1&-1&3&6\\0&0&0&1&2&1&-6&-10\end{array}\right),$$

故 $\boldsymbol{A}^{-1}=\begin{pmatrix}1&1&-2&-4\\0&1&0&-1\\-1&-1&3&6\\2&1&-6&-10\end{pmatrix}$.

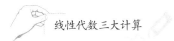

(2) 解 $(\boldsymbol{A} \vdots \boldsymbol{E})=\left(\begin{array}{cccc|cccc}0 & 0 & 1 & -1 & 1 & 0 & 0 & 0\\0 & 3 & 1 & 4 & 0 & 1 & 0 & 0\\2 & 7 & 6 & -1 & 0 & 0 & 1 & 0\\1 & 2 & 2 & -1 & 0 & 0 & 0 & 1\end{array}\right)$

$$\xrightarrow{r_1\leftrightarrow r_4}\left(\begin{array}{cccc|cccc}1 & 2 & 2 & -1 & 0 & 0 & 0 & 1\\0 & 3 & 1 & 4 & 0 & 1 & 0 & 0\\2 & 7 & 6 & -1 & 0 & 0 & 1 & 0\\0 & 0 & 1 & -1 & 1 & 0 & 0 & 0\end{array}\right)$$

$$\xrightarrow{r_3-2r_1}\left(\begin{array}{cccc|cccc}1 & 2 & 2 & -1 & 0 & 0 & 0 & 1\\0 & 3 & 1 & 4 & 0 & 1 & 0 & 0\\0 & 3 & 2 & 1 & 0 & 0 & 1 & -2\\0 & 0 & 1 & -1 & 1 & 0 & 0 & 0\end{array}\right)$$

$$\xrightarrow{r_3-r_2}\left(\begin{array}{cccc|cccc}1 & 2 & 2 & -1 & 0 & 0 & 0 & 1\\0 & 3 & 1 & 4 & 0 & 1 & 0 & 0\\0 & 0 & 1 & -3 & 0 & -1 & 1 & -2\\0 & 0 & 1 & -1 & 1 & 0 & 0 & 0\end{array}\right)$$

$$\xrightarrow{r_4-r_3}\left(\begin{array}{cccc|cccc}1 & 2 & 2 & -1 & 0 & 0 & 0 & 1\\0 & 3 & 1 & 4 & 0 & 1 & 0 & 0\\0 & 0 & 1 & -3 & 0 & -1 & 1 & -2\\0 & 0 & 0 & 2 & 1 & 1 & -1 & 2\end{array}\right)$$

$$\xrightarrow{r_4\times\frac{1}{2}}\left(\begin{array}{cccc|cccc}1 & 2 & 2 & -1 & 0 & 0 & 0 & 1\\0 & 3 & 1 & 4 & 0 & 1 & 0 & 0\\0 & 0 & 1 & -3 & 0 & -1 & 1 & -2\\0 & 0 & 0 & 1 & \frac{1}{2} & \frac{1}{2} & -\frac{1}{2} & 1\end{array}\right)$$

$$\xrightarrow[\substack{r_2-4r_4\\r_1+r_4}]{r_3+3r_4}\left(\begin{array}{cccc|cccc}1 & 2 & 2 & 0 & \frac{1}{2} & \frac{1}{2} & -\frac{1}{2} & 2\\0 & 3 & 1 & 0 & -2 & -1 & 2 & -4\\0 & 0 & 1 & 0 & \frac{3}{2} & \frac{1}{2} & -\frac{1}{2} & 1\\0 & 0 & 0 & 1 & \frac{1}{2} & \frac{1}{2} & -\frac{1}{2} & 1\end{array}\right)$$

$$\xrightarrow{r_2-r_3}\left(\begin{array}{cccc|cccc}1&2&2&0&\frac{1}{2}&\frac{1}{2}&-\frac{1}{2}&2\\0&3&0&0&-\frac{7}{2}&-\frac{3}{2}&\frac{5}{2}&-5\\0&0&1&0&\frac{3}{2}&\frac{1}{2}&-\frac{1}{2}&1\\0&0&0&1&\frac{1}{2}&\frac{1}{2}&-\frac{1}{2}&1\end{array}\right)$$

$$\xrightarrow{r_2\times\frac{1}{3}}\left(\begin{array}{cccc|cccc}1&2&2&0&\frac{1}{2}&\frac{1}{2}&-\frac{1}{2}&2\\0&1&0&0&-\frac{7}{6}&-\frac{1}{2}&\frac{5}{6}&-\frac{5}{3}\\0&0&1&0&\frac{3}{2}&\frac{1}{2}&-\frac{1}{2}&1\\0&0&0&1&\frac{1}{2}&\frac{1}{2}&-\frac{1}{2}&1\end{array}\right)$$

$$\xrightarrow{r_1-2r_3}\left(\begin{array}{cccc|cccc}1&2&0&0&-\frac{5}{2}&-\frac{1}{2}&\frac{1}{2}&0\\0&1&0&0&-\frac{7}{6}&-\frac{1}{2}&\frac{5}{6}&-\frac{5}{3}\\0&0&1&0&\frac{3}{2}&\frac{1}{2}&-\frac{1}{2}&1\\0&0&0&1&\frac{1}{2}&\frac{1}{2}&-\frac{1}{2}&1\end{array}\right)$$

$$\xrightarrow{r_1-2r_2}\left(\begin{array}{cccc|cccc}1&0&0&0&-\frac{1}{6}&\frac{1}{2}&-\frac{7}{6}&\frac{10}{3}\\0&1&0&0&-\frac{7}{6}&-\frac{1}{2}&\frac{5}{6}&-\frac{5}{3}\\0&0&1&0&\frac{3}{2}&\frac{1}{2}&-\frac{1}{2}&1\\0&0&0&1&\frac{1}{2}&\frac{1}{2}&-\frac{1}{2}&1\end{array}\right),$$

故 $\boldsymbol{A}^{-1}=\begin{pmatrix}-\frac{1}{6}&\frac{1}{2}&-\frac{7}{6}&\frac{10}{3}\\-\frac{7}{6}&-\frac{1}{2}&\frac{5}{6}&-\frac{5}{3}\\\frac{3}{2}&\frac{1}{2}&-\frac{1}{2}&1\\\frac{1}{2}&\frac{1}{2}&-\frac{1}{2}&1\end{pmatrix}$.

(3) 解 $(\boldsymbol{A}\mid\boldsymbol{E})=\left(\begin{array}{cccc|cccc}1&1&1&1&1&0&0&0\\1&1&-1&-1&0&1&0&0\\1&-1&1&-1&0&0&1&0\\1&-1&-1&1&0&0&0&1\end{array}\right)$

$$\xrightarrow[\substack{r_3-r_1\\r_4-r_1}]{r_2-r_1}\left(\begin{array}{cccc|cccc}1&1&1&1&1&0&0&0\\0&0&-2&-2&-1&1&0&0\\0&-2&0&-2&-1&0&1&0\\0&-2&-2&0&-1&0&0&1\end{array}\right)$$

$$\xrightarrow[\substack{r_3\times\left(-\frac{1}{2}\right)\\r_4\times\left(-\frac{1}{2}\right)}]{r_2\times\left(-\frac{1}{2}\right)}\left(\begin{array}{cccc|cccc}1&1&1&1&1&0&0&0\\0&0&1&1&\frac{1}{2}&-\frac{1}{2}&0&0\\0&1&0&1&\frac{1}{2}&0&-\frac{1}{2}&0\\0&1&1&0&\frac{1}{2}&0&0&-\frac{1}{2}\end{array}\right)$$

$$\xrightarrow{r_2\leftrightarrow r_4}\left(\begin{array}{cccc|cccc}1&1&1&1&1&0&0&0\\0&1&1&0&\frac{1}{2}&0&0&-\frac{1}{2}\\0&1&0&1&\frac{1}{2}&0&-\frac{1}{2}&0\\0&0&1&1&\frac{1}{2}&-\frac{1}{2}&0&0\end{array}\right)$$

$$\xrightarrow{r_3-r_2}\left(\begin{array}{cccc|cccc}1&1&1&1&1&0&0&0\\0&1&1&0&\frac{1}{2}&0&0&-\frac{1}{2}\\0&0&-1&1&0&0&-\frac{1}{2}&\frac{1}{2}\\0&0&1&1&\frac{1}{2}&-\frac{1}{2}&0&0\end{array}\right)$$

$$\xrightarrow{r_4+r_3}\left(\begin{array}{cccc|cccc}1&1&1&1&1&0&0&0\\0&1&1&0&\frac{1}{2}&0&0&-\frac{1}{2}\\0&0&-1&1&0&0&-\frac{1}{2}&\frac{1}{2}\\0&0&0&2&\frac{1}{2}&-\frac{1}{2}&-\frac{1}{2}&\frac{1}{2}\end{array}\right)$$

$$\xrightarrow{r_4\times\frac{1}{2}}\left(\begin{array}{cccc:cccc}1&1&1&1&1&0&0&0\\0&1&1&0&\frac{1}{2}&0&0&-\frac{1}{2}\\0&0&-1&1&0&0&-\frac{1}{2}&\frac{1}{2}\\0&0&0&1&\frac{1}{4}&-\frac{1}{4}&-\frac{1}{4}&\frac{1}{4}\end{array}\right)$$

$$\xrightarrow[r_1-r_4]{r_3-r_4}\left(\begin{array}{cccc:cccc}1&1&1&0&\frac{3}{4}&\frac{1}{4}&\frac{1}{4}&-\frac{1}{4}\\0&1&1&0&\frac{1}{2}&0&0&-\frac{1}{2}\\0&0&-1&0&-\frac{1}{4}&\frac{1}{4}&-\frac{1}{4}&\frac{1}{4}\\0&0&0&1&\frac{1}{4}&-\frac{1}{4}&-\frac{1}{4}&\frac{1}{4}\end{array}\right)$$

$$\xrightarrow{r_3\times(-1)}\left(\begin{array}{cccc:cccc}1&1&1&0&\frac{3}{4}&\frac{1}{4}&\frac{1}{4}&-\frac{1}{4}\\0&1&1&0&\frac{1}{2}&0&0&-\frac{1}{2}\\0&0&1&0&\frac{1}{4}&-\frac{1}{4}&\frac{1}{4}&-\frac{1}{4}\\0&0&0&1&\frac{1}{4}&-\frac{1}{4}&-\frac{1}{4}&\frac{1}{4}\end{array}\right)$$

$$\xrightarrow{r_2-r_3}\left(\begin{array}{cccc:cccc}1&1&1&0&\frac{3}{4}&\frac{1}{4}&\frac{1}{4}&-\frac{1}{4}\\0&1&0&0&\frac{1}{4}&\frac{1}{4}&-\frac{1}{4}&-\frac{1}{4}\\0&0&1&0&\frac{1}{4}&-\frac{1}{4}&\frac{1}{4}&-\frac{1}{4}\\0&0&0&1&\frac{1}{4}&-\frac{1}{4}&-\frac{1}{4}&\frac{1}{4}\end{array}\right)$$

$$\xrightarrow{r_1-r_3}\left(\begin{array}{cccc:cccc}1&1&0&0&\frac{1}{2}&\frac{1}{2}&0&0\\0&1&0&0&\frac{1}{4}&\frac{1}{4}&-\frac{1}{4}&-\frac{1}{4}\\0&0&1&0&\frac{1}{4}&-\frac{1}{4}&\frac{1}{4}&-\frac{1}{4}\\0&0&0&1&\frac{1}{4}&-\frac{1}{4}&-\frac{1}{4}&\frac{1}{4}\end{array}\right)$$

$$\xrightarrow{r_1-r_2}\left(\begin{array}{cccc|cccc}1&0&0&0&\frac{1}{4}&\frac{1}{4}&\frac{1}{4}&\frac{1}{4}\\0&1&0&0&\frac{1}{4}&\frac{1}{4}&-\frac{1}{4}&-\frac{1}{4}\\0&0&1&0&\frac{1}{4}&-\frac{1}{4}&\frac{1}{4}&-\frac{1}{4}\\0&0&0&1&\frac{1}{4}&-\frac{1}{4}&-\frac{1}{4}&\frac{1}{4}\end{array}\right),$$

故 $\boldsymbol{A}^{-1}=\frac{1}{4}\begin{pmatrix}1&1&1&1\\1&1&-1&-1\\1&-1&1&-1\\1&-1&-1&1\end{pmatrix}$.

(4) **解** $(\boldsymbol{A}\mid\boldsymbol{E})=\left(\begin{array}{cccc|cccc}1&2&3&4&1&0&0&0\\2&3&1&2&0&1&0&0\\1&1&1&-1&0&0&1&0\\1&0&-2&-6&0&0&0&1\end{array}\right)$

$$\xrightarrow[\substack{r_3-r_1\\r_4-r_1}]{r_2-2r_1}\left(\begin{array}{cccc|cccc}1&2&3&4&1&0&0&0\\0&-1&-5&-6&-2&1&0&0\\0&-1&-2&-5&-1&0&1&0\\0&-2&-5&-10&-1&0&0&1\end{array}\right)$$

$$\xrightarrow[r_4-2r_2]{r_3-r_2}\left(\begin{array}{cccc|cccc}1&2&3&4&1&0&0&0\\0&-1&-5&-6&-2&1&0&0\\0&0&3&1&1&-1&1&0\\0&0&5&2&3&-2&0&1\end{array}\right)$$

$$\xrightarrow[r_3\times\frac{1}{3}]{r_2\times(-1)}\left(\begin{array}{cccc|cccc}1&2&3&4&1&0&0&0\\0&1&5&6&2&-1&0&0\\0&0&1&\frac{1}{3}&\frac{1}{3}&-\frac{1}{3}&\frac{1}{3}&0\\0&0&5&2&3&-2&0&1\end{array}\right)$$

$$\xrightarrow{r_4-5r_3}\left(\begin{array}{cccc|cccc}1&2&3&4&1&0&0&0\\0&1&5&6&2&-1&0&0\\0&0&1&\frac{1}{3}&\frac{1}{3}&-\frac{1}{3}&\frac{1}{3}&0\\0&0&0&\frac{1}{3}&\frac{4}{3}&-\frac{1}{3}&-\frac{5}{3}&1\end{array}\right)$$

$$\xrightarrow{r_3-r_4}\left(\begin{array}{cccc|cccc}1&2&3&4&1&0&0&0\\0&1&5&6&2&-1&0&0\\0&0&1&0&-1&0&2&-1\\0&0&0&\frac{1}{3}&\frac{4}{3}&-\frac{1}{3}&-\frac{5}{3}&1\end{array}\right)$$

$$\xrightarrow{r_4\times 3}\left(\begin{array}{cccc|cccc}1&2&3&4&1&0&0&0\\0&1&5&6&2&-1&0&0\\0&0&1&0&-1&0&2&-1\\0&0&0&1&4&-1&-5&3\end{array}\right)$$

$$\xrightarrow[r_2-6r_4]{r_1-4r_4}\left(\begin{array}{cccc|cccc}1&2&3&0&-15&4&20&-12\\0&1&5&0&-22&5&30&-18\\0&0&1&0&-1&0&2&-1\\0&0&0&1&4&-1&-5&3\end{array}\right)$$

$$\xrightarrow[r_2-5r_3]{r_1-3r_3}\left(\begin{array}{cccc|cccc}1&2&0&0&-12&4&14&-9\\0&1&0&0&-17&5&20&-13\\0&0&1&0&-1&0&2&-1\\0&0&0&1&4&-1&-5&3\end{array}\right)$$

$$\xrightarrow{r_1-2r_2}\left(\begin{array}{cccc|cccc}1&0&0&0&22&-6&-26&17\\0&1&0&0&-17&5&20&-13\\0&0&1&0&-1&0&2&-1\\0&0&0&1&4&-1&-5&3\end{array}\right),$$

故 $\boldsymbol{A}^{-1}=\begin{pmatrix}22&-6&-26&17\\-17&5&20&-13\\-1&0&2&-1\\4&-1&-5&3\end{pmatrix}$.

3 解 方法一：

$$(\boldsymbol{A}\mid\boldsymbol{E})=\left(\begin{array}{ccc|ccc}1&-2&1&1&0&0\\2&0&1&0&1&0\\0&4&-1&0&0&1\end{array}\right)\xrightarrow{r_2-2r_1}\left(\begin{array}{ccc|ccc}1&-2&1&1&0&0\\0&4&-1&-2&1&0\\0&4&-1&0&0&1\end{array}\right)$$

$$\xrightarrow{r_3-r_2}\left(\begin{array}{ccc|ccc}1&-2&1&1&0&0\\0&4&-1&-2&1&0\\0&0&0&2&-1&1\end{array}\right),$$

故 $\boldsymbol{A}$ 不可逆.

方法二：由 $|\boldsymbol{A}|=\begin{vmatrix}1 & -2 & 1\\ 2 & 0 & 1\\ 0 & 4 & -1\end{vmatrix}=0$，则 $r(\boldsymbol{A})<3$.

故 $\boldsymbol{A}$ 不可逆.

4 解 由于初等行变换需左乘变换矩阵，则

$$(\boldsymbol{A}\mid\boldsymbol{E})\xrightarrow{\text{初等行变换}}\boldsymbol{P}(\boldsymbol{A}\mid\boldsymbol{E})=(\underset{\substack{\downarrow\\ \text{行最简}}}{\boldsymbol{PA}}\mid\boldsymbol{P}).$$

即 $(\boldsymbol{A}\mid\boldsymbol{E})=\left(\begin{array}{cccc|ccc}1 & 2 & 3 & 4 & 1 & 0 & 0\\ 2 & 3 & 4 & 5 & 0 & 1 & 0\\ 5 & 4 & 3 & 2 & 0 & 0 & 1\end{array}\right)$

$$\xrightarrow[r_3-5r_1]{r_2-2r_1}\left(\begin{array}{cccc|ccc}1 & 2 & 3 & 4 & 1 & 0 & 0\\ 0 & -1 & -2 & -3 & -2 & 1 & 0\\ 0 & -6 & -12 & -18 & -5 & 0 & 1\end{array}\right)$$

$$\xrightarrow{r_3-6r_2}\left(\begin{array}{cccc|ccc}1 & 2 & 3 & 4 & 1 & 0 & 0\\ 0 & -1 & -2 & -3 & -2 & 1 & 0\\ 0 & 0 & 0 & 0 & 7 & -6 & 1\end{array}\right)$$

$$\xrightarrow[r_2\times(-1)]{r_1+2r_2}\left(\begin{array}{cccc|ccc}1 & 0 & -1 & -2 & -3 & 2 & 0\\ 0 & 1 & 2 & 3 & 2 & -1 & 0\\ 0 & 0 & 0 & 0 & 7 & -6 & 1\end{array}\right)=(\boldsymbol{PA}\mid\boldsymbol{P}),$$

故 $\boldsymbol{PA}=\begin{pmatrix}1 & 0 & -1 & -2\\ 0 & 1 & 2 & 3\\ 0 & 0 & 0 & 0\end{pmatrix}$，$\boldsymbol{P}=\begin{pmatrix}-3 & 2 & 0\\ 2 & -1 & 0\\ 7 & -6 & 1\end{pmatrix}$.

5 解 (1) $(\boldsymbol{A}\mid\boldsymbol{E})=\left(\begin{array}{ccc|cc}-5 & 3 & 1 & 1 & 0\\ 2 & -1 & 1 & 0 & 1\end{array}\right)\xrightarrow{r_1+2r_2}\left(\begin{array}{ccc|cc}-1 & 1 & 3 & 1 & 2\\ 2 & -1 & 1 & 0 & 1\end{array}\right)$

$$\xrightarrow{r_2+2r_1}\left(\begin{array}{ccc|cc}-1 & 1 & 3 & 1 & 2\\ 0 & 1 & 7 & 2 & 5\end{array}\right)\xrightarrow{r_1-r_2}\left(\begin{array}{ccc|cc}-1 & 0 & -4 & -1 & -3\\ 0 & 1 & 7 & 2 & 5\end{array}\right)$$

$$\xrightarrow{r_1\times(-1)}\left(\begin{array}{ccc|cc}1 & 0 & 4 & 1 & 3\\ 0 & 1 & 7 & 2 & 5\end{array}\right),$$

故 $\boldsymbol{P}=\begin{pmatrix}1 & 3\\ 2 & 5\end{pmatrix}$，$\boldsymbol{PA}=\begin{pmatrix}1 & 0 & 4\\ 0 & 1 & 7\end{pmatrix}$.

(2) 由于 $\boldsymbol{A}^{\mathrm{T}}=\begin{pmatrix}-5 & 2\\ 3 & -1\\ 1 & 1\end{pmatrix}$，则

$$(\boldsymbol{A}^{\mathrm{T}}\mid\boldsymbol{E})=\left(\begin{array}{cc|ccc}-5 & 2 & 1 & 0 & 0\\ 3 & -1 & 0 & 1 & 0\\ 1 & 1 & 0 & 0 & 1\end{array}\right)\xrightarrow{r_1\leftrightarrow r_3}\left(\begin{array}{cc|ccc}1 & 1 & 0 & 0 & 1\\ 3 & -1 & 0 & 1 & 0\\ -5 & 2 & 1 & 0 & 0\end{array}\right)$$

$$\xrightarrow[r_3+5r_1]{r_2-3r_1}\left(\begin{array}{ccc|ccc}1&1&0&0&1\\0&-4&0&1&-3\\0&7&1&0&5\end{array}\right)\xrightarrow{r_3+2r_2}\left(\begin{array}{ccc|ccc}1&1&0&0&1\\0&-4&0&1&-3\\0&-1&1&2&-1\end{array}\right)$$

$$\xrightarrow[r_2-4r_3]{r_1+r_3}\left(\begin{array}{cc|ccc}1&0&1&2&0\\0&0&-4&-7&1\\0&-1&1&2&-1\end{array}\right)\xrightarrow[r_2\times(-1)]{r_2\leftrightarrow r_3}\left(\begin{array}{cc|ccc}1&0&1&2&0\\0&1&-1&-2&1\\0&0&-4&-7&1\end{array}\right),$$

故 $\boldsymbol{Q}=\begin{pmatrix}1&2&0\\-1&-2&1\\-4&-7&1\end{pmatrix}$，$\boldsymbol{QA}^{\mathrm{T}}=\begin{pmatrix}1&0\\0&1\\0&0\end{pmatrix}$.

6 解 (1) $|\boldsymbol{A}|=\begin{vmatrix}4&1&-2\\2&2&1\\3&1&-1\end{vmatrix}=\begin{vmatrix}8&5&-2\\0&0&1\\5&3&1\end{vmatrix}=1\neq0$，故 $\boldsymbol{A}$ 可逆.

则由题意知 $\boldsymbol{X}=\boldsymbol{A}^{-1}\boldsymbol{B}$.由 $(\boldsymbol{A}\mid\boldsymbol{B})\xrightarrow{\text{初等行变换}}\boldsymbol{A}^{-1}(\boldsymbol{A}\mid\boldsymbol{B})=(\boldsymbol{E}\mid\boldsymbol{A}^{-1}\boldsymbol{B})$，

$$(\boldsymbol{A}\mid\boldsymbol{B})=\left(\begin{array}{ccc|cc}4&1&-2&1&-3\\2&2&1&2&2\\3&1&-1&3&-1\end{array}\right)\xrightarrow{r_3-r_2}\left(\begin{array}{ccc|cc}4&1&-2&1&-3\\2&2&1&2&2\\1&-1&-2&1&-3\end{array}\right)$$

$$\xrightarrow{r_1\leftrightarrow r_3}\left(\begin{array}{ccc|cc}1&-1&-2&1&-3\\2&2&1&2&2\\4&1&-2&1&-3\end{array}\right)\xrightarrow[r_3-4r_1]{r_2-2r_1}\left(\begin{array}{ccc|cc}1&-1&-2&1&-3\\0&4&5&0&8\\0&5&6&-3&9\end{array}\right)$$

$$\xrightarrow{r_3-r_2}\left(\begin{array}{ccc|cc}1&-1&-2&1&-3\\0&4&5&0&8\\0&1&1&-3&1\end{array}\right)\xrightarrow{r_2\leftrightarrow r_3}\left(\begin{array}{ccc|cc}1&-1&-2&1&-3\\0&1&1&-3&1\\0&4&5&0&8\end{array}\right)$$

$$\xrightarrow[r_3-4r_2]{r_1+r_2}\left(\begin{array}{ccc|cc}1&0&-1&-2&-2\\0&1&1&-3&1\\0&0&1&12&4\end{array}\right)\xrightarrow[r_2-r_3]{r_1+r_3}\left(\begin{array}{ccc|cc}1&0&0&10&2\\0&1&0&-15&-3\\0&0&1&12&4\end{array}\right)$$

$$=(\boldsymbol{E}\mid\boldsymbol{A}^{-1}\boldsymbol{B})=(\boldsymbol{E}\mid\boldsymbol{X}),$$

故 $\boldsymbol{X}=\begin{pmatrix}10&2\\-15&-3\\12&4\end{pmatrix}$.

(2) 由于 $|\boldsymbol{A}|=\begin{vmatrix}0&2&1\\2&-1&3\\-3&3&-4\end{vmatrix}=\begin{vmatrix}0&0&1\\2&-7&3\\-3&11&-4\end{vmatrix}=1\neq0$，故 $\boldsymbol{A}$ 可逆.

方法一：由题意可知 $\boldsymbol{X}=\boldsymbol{BA}^{-1}$.

$$(\boldsymbol{A}\mid\boldsymbol{E})=\left(\begin{array}{ccc|ccc}0&2&1&1&0&0\\2&-1&3&0&1&0\\-3&3&-4&0&0&1\end{array}\right)\xrightarrow{r_3+r_2}\left(\begin{array}{ccc|ccc}0&2&1&1&0&0\\2&-1&3&0&1&0\\-1&2&-1&0&1&1\end{array}\right)$$

$$\xrightarrow{r_2+2r_3}\left(\begin{array}{ccc:ccc}0&2&1&1&0&0\\0&3&1&0&3&2\\-1&2&-1&0&1&1\end{array}\right)\xrightarrow{r_1\leftrightarrow r_3}\left(\begin{array}{ccc:ccc}-1&2&-1&0&1&1\\0&3&1&0&3&2\\0&2&1&1&0&0\end{array}\right)$$

$$\xrightarrow[r_2-r_3]{r_1\times(-1)}\left(\begin{array}{ccc:ccc}1&-2&1&0&-1&-1\\0&1&0&-1&3&2\\0&2&1&1&0&0\end{array}\right)\xrightarrow[r_3-2r_2]{r_1+2r_2}\left(\begin{array}{ccc:ccc}1&0&1&-2&5&3\\0&1&0&-1&3&2\\0&0&1&3&-6&-4\end{array}\right)$$

$$\xrightarrow{r_1-r_3}\left(\begin{array}{ccc:ccc}1&0&0&-5&11&7\\0&1&0&-1&3&2\\0&0&1&3&-6&-4\end{array}\right)=(\boldsymbol{E}\,\vdots\,\boldsymbol{A}^{-1}),$$

所以 $\boldsymbol{A}^{-1}=\begin{pmatrix}-5&11&7\\-1&3&2\\3&-6&-4\end{pmatrix}$.

故 $\boldsymbol{X}=\boldsymbol{B}\boldsymbol{A}^{-1}=\begin{pmatrix}1&2&3\\2&-3&1\end{pmatrix}\begin{pmatrix}-5&11&7\\-1&3&2\\3&-6&-4\end{pmatrix}=\begin{pmatrix}2&-1&-1\\-4&7&4\end{pmatrix}$.

方法二：由 $\begin{pmatrix}\boldsymbol{A}\\ \boldsymbol{B}\end{pmatrix}\xrightarrow{\text{初等列变换}}\begin{pmatrix}\boldsymbol{A}\boldsymbol{A}^{-1}\\ \boldsymbol{B}\boldsymbol{A}^{-1}\end{pmatrix}=\begin{pmatrix}\boldsymbol{E}\\ \boldsymbol{B}\boldsymbol{A}^{-1}\end{pmatrix}$，则

$$\begin{pmatrix}\boldsymbol{A}\\ \boldsymbol{B}\end{pmatrix}=\left(\begin{array}{ccc}0&2&1\\2&-1&3\\-3&3&-4\\\hdashline 1&2&3\\2&-3&1\end{array}\right)\xrightarrow{c_2-2c_3}\left(\begin{array}{ccc}0&0&1\\2&-7&3\\-3&11&-4\\\hdashline 1&-4&3\\2&-5&1\end{array}\right)$$

$$\xrightarrow{c_1\leftrightarrow c_3}\left(\begin{array}{ccc}1&0&0\\3&-7&2\\-4&11&-3\\\hdashline 3&-4&1\\1&-5&2\end{array}\right)\xrightarrow{c_2+3c_3}\left(\begin{array}{ccc}1&0&0\\3&-1&2\\-4&2&-3\\\hdashline 3&-1&1\\1&1&2\end{array}\right)$$

$$\xrightarrow{c_3+2c_2}\left(\begin{array}{ccc}1&0&0\\3&-1&0\\-4&2&1\\\hdashline 3&-1&-1\\1&1&4\end{array}\right)\xrightarrow[c_2-2c_3]{c_1-2c_3}\left(\begin{array}{ccc}1&0&0\\3&-1&0\\-6&0&1\\\hdashline 5&1&-1\\-7&-7&4\end{array}\right)$$

$$\xrightarrow[c_1+6c_3]{c_1+3c_2}\left(\begin{array}{ccc}1&0&0\\0&-1&0\\0&0&1\\\hdashline 2&1&-1\\-4&-7&4\end{array}\right)\xrightarrow{c_2\times(-1)}\left(\begin{array}{ccc}1&0&0\\0&1&0\\0&0&1\\\hdashline 2&-1&-1\\-4&7&4\end{array}\right)=\begin{pmatrix}\boldsymbol{E}\\ \boldsymbol{B}\boldsymbol{A}^{-1}\end{pmatrix},$$

故 $\boldsymbol{X}=\boldsymbol{B}\boldsymbol{A}^{-1}=\begin{pmatrix}2&-1&-1\\-4&7&4\end{pmatrix}$.

7 解 由 $\boldsymbol{AX}=2\boldsymbol{X}+\boldsymbol{A}$ 知 $(\boldsymbol{A}-2\boldsymbol{E})\boldsymbol{X}=\boldsymbol{A}$.又

$$|\boldsymbol{A}-2\boldsymbol{E}|=\left|\begin{pmatrix}1&-1&0\\0&1&-1\\-1&0&1\end{pmatrix}-\begin{pmatrix}2&0&0\\0&2&0\\0&0&2\end{pmatrix}\right|=\begin{vmatrix}-1&-1&0\\0&-1&-1\\-1&0&-1\end{vmatrix}=-2\neq0,$$

所以 $\boldsymbol{A}-2\boldsymbol{E}$ 可逆,$\boldsymbol{X}=(\boldsymbol{A}-2\boldsymbol{E})^{-1}\boldsymbol{A}$.

由

$$((\boldsymbol{A}-2\boldsymbol{E})\mid\boldsymbol{A})\xrightarrow{\text{初等行变换}}(\boldsymbol{A}-2\boldsymbol{E})^{-1}((\boldsymbol{A}-2\boldsymbol{E})\mid\boldsymbol{A})=(\boldsymbol{E}\mid(\boldsymbol{A}-2\boldsymbol{E})^{-1}\boldsymbol{A}),$$

则

$$(\boldsymbol{A}-2\boldsymbol{E}\mid\boldsymbol{A})=\left(\begin{array}{ccc|ccc}-1&-1&0&1&-1&0\\0&-1&-1&0&1&-1\\-1&0&-1&-1&0&1\end{array}\right)$$

$$\xrightarrow{r_3-r_1}\left(\begin{array}{ccc|ccc}-1&-1&0&1&-1&0\\0&-1&-1&0&1&-1\\0&1&-1&-2&1&1\end{array}\right)$$

$$\xrightarrow[r_3+r_2]{r_1-r_2}\left(\begin{array}{ccc|ccc}-1&0&1&1&-2&1\\0&-1&-1&0&1&-1\\0&0&-2&-2&2&0\end{array}\right)$$

$$\xrightarrow[\substack{r_2\times(-1)\\ r_3\times\left(-\frac{1}{2}\right)}]{r_1\times(-1)}\left(\begin{array}{ccc|ccc}1&0&-1&-1&2&-1\\0&1&1&0&-1&1\\0&0&1&1&-1&0\end{array}\right)$$

$$\xrightarrow[r_1+r_3]{r_2-r_3}\left(\begin{array}{ccc|ccc}1&0&0&0&1&-1\\0&1&0&-1&0&1\\0&0&1&1&-1&0\end{array}\right)=(\boldsymbol{E}\mid(\boldsymbol{A}-2\boldsymbol{E})^{-1}\boldsymbol{A}),$$

故 $\boldsymbol{X}=(\boldsymbol{A}-2\boldsymbol{E})^{-1}\boldsymbol{A}=\begin{pmatrix}0&1&-1\\-1&0&1\\1&-1&0\end{pmatrix}$.

§ 2.4 线性方程组

基础训练

1 (1) 解 令 $\boldsymbol{A}=\begin{pmatrix}1&1&2&-1\\2&1&1&-1\\2&2&1&2\end{pmatrix}\xrightarrow[r_3-2r_1]{r_2-2r_1}\begin{pmatrix}1&1&2&-1\\0&-1&-3&1\\0&0&-3&4\end{pmatrix}$

$$\xrightarrow{r_1+r_2}\begin{pmatrix}1&0&-1&0\\0&-1&-3&1\\0&0&-3&4\end{pmatrix}\xrightarrow[r_3\times\left(-\frac{1}{3}\right)]{r_2\times(-1)}\begin{pmatrix}1&0&-1&0\\0&1&3&-1\\0&0&1&-\frac{4}{3}\end{pmatrix}$$

$$\xrightarrow[r_2-3r_3]{r_1+r_3}\begin{pmatrix}1&0&0&-\frac{4}{3}\\0&1&0&3\\0&0&1&-\frac{4}{3}\end{pmatrix},$$

则 $r(\boldsymbol{A})=3$,基础解系个数 $s=4-3=1$.

由此可知原方程组的同解方程组为

$$\begin{cases}x_1-\frac{4}{3}x_4=0,\\x_2+\ 3x_4=0,\\x_3-\frac{4}{3}x_4=0,\end{cases}\text{得}\begin{cases}x_1=\ \frac{4}{3}x_4,\\x_2=-3x_4,\\x_3=\ \frac{4}{3}x_4.\end{cases}$$

现对自由变量赋值.令 $x_4=3$,故通解为

$$\begin{pmatrix}x_1\\x_2\\x_3\\x_4\end{pmatrix}=k\begin{pmatrix}4\\-9\\4\\3\end{pmatrix},$$

其中 k 为任意常数.

(2) **解** 令 $\boldsymbol{A}=\begin{pmatrix}1&2&1&-1\\3&6&-1&-3\\5&10&1&-5\end{pmatrix}\xrightarrow[r_3-5r_1]{r_2-3r_1}\begin{pmatrix}1&2&1&-1\\0&0&-4&0\\0&0&-4&0\end{pmatrix}$

$$\xrightarrow[r_2\times\left(-\frac{1}{4}\right)]{r_3-r_2}\begin{pmatrix}1&2&1&-1\\0&0&1&0\\0&0&0&0\end{pmatrix}\xrightarrow{r_1-r_2}\begin{pmatrix}1&2&0&-1\\0&0&1&0\\0&0&0&0\end{pmatrix},$$

则 $r(\boldsymbol{A})=2$,基础解系个数 $s=4-2=2$.

由此可知原方程组的同解方程组为

$$\begin{cases}x_1+2x_2-x_4=0,\\\qquad\qquad x_3=0,\end{cases}\text{得}\begin{cases}x_1=-2x_2+x_4,\\x_3=0.\end{cases}$$

对自由变量分别赋值为 $x_2=1,x_4=0$ 和 $x_2=0,x_4=1$,得通解为

$$\begin{pmatrix}x_1\\x_2\\x_3\\x_4\end{pmatrix}=k_1\begin{pmatrix}-2\\1\\0\\0\end{pmatrix}+k_2\begin{pmatrix}1\\0\\0\\1\end{pmatrix},$$

其中 k_1, k_2 为任意常数.

(3) **解** 令 $\boldsymbol{A}=\begin{pmatrix}2&3&-1&-7\\3&1&2&-7\\4&1&-3&6\\1&-2&5&-5\end{pmatrix}\xrightarrow{r_1\leftrightarrow r_4}\begin{pmatrix}1&-2&5&-5\\3&1&2&-7\\4&1&-3&6\\2&3&-1&-7\end{pmatrix}$

$$\xrightarrow[\substack{r_3-4r_1\\ r_4-2r_1}]{r_2-3r_1}\begin{pmatrix}1&-2&5&-5\\0&7&-13&8\\0&9&-23&26\\0&7&-11&3\end{pmatrix}\xrightarrow[r_4-r_2]{r_3-r_2}\begin{pmatrix}1&-2&5&-5\\0&7&-13&8\\0&2&-10&18\\0&0&2&-5\end{pmatrix}$$

$$\xrightarrow[r_3\times\frac{1}{2}]{r_1+r_3}\begin{pmatrix}1&0&-5&13\\0&7&-13&8\\0&1&-5&9\\0&0&2&-5\end{pmatrix}\xrightarrow{r_2\leftrightarrow r_3}\begin{pmatrix}1&0&-5&13\\0&1&-5&9\\0&7&-13&8\\0&0&2&-5\end{pmatrix}$$

$$\xrightarrow{r_3-7r_2}\begin{pmatrix}1&0&-5&13\\0&1&-5&9\\0&0&22&-55\\0&0&2&-5\end{pmatrix}\xrightarrow[r_3\times\frac{1}{22}]{r_4-\frac{1}{11}r_3}\begin{pmatrix}1&0&-5&13\\0&1&-5&9\\0&0&1&-\frac{5}{2}\\0&0&0&0\end{pmatrix}$$

$$\xrightarrow[r_2+5r_3]{r_1+5r_3}\begin{pmatrix}1&0&0&\frac{1}{2}\\0&1&0&-\frac{7}{2}\\0&0&1&-\frac{5}{2}\\0&0&0&0\end{pmatrix},$$

则 $r(\boldsymbol{A})=3$,基础解系个数 $s=4-3=1$.

由此可知原方程组的同解方程组为

$$\begin{cases}x_1+\frac{1}{2}x_4=0,\\x_2-\frac{7}{2}x_4=0,\\x_3-\frac{5}{2}x_4=0,\end{cases}\text{得}\begin{cases}x_1=-\frac{1}{2}x_4,\\x_2=\frac{7}{2}x_4,\\x_3=\frac{5}{2}x_4.\end{cases}$$

对自由变量赋值为 $x_4=2$,则通解为

$$\begin{pmatrix}x_1\\x_2\\x_3\\x_4\end{pmatrix}=k\begin{pmatrix}-1\\7\\5\\2\end{pmatrix},$$

其中 k 为任意常数.

(4) **解** 令 $\boldsymbol{A}=\begin{pmatrix}3&4&-5&7\\2&-3&3&-2\\4&11&-13&16\\7&-2&1&3\end{pmatrix}\xrightarrow[\substack{r_4-r_1-r_3\\r_3-2r_2}]{r_1-r_2}\begin{pmatrix}1&7&-8&9\\2&-3&3&-2\\0&17&-19&20\\0&-17&19&-20\end{pmatrix}$

$$\xrightarrow{r_2-2r_1}\begin{pmatrix}1&7&-8&9\\0&-17&19&-20\\0&17&-19&20\\0&-17&19&-20\end{pmatrix}\xrightarrow[\substack{r_4-r_2\\r_2\times\left(-\frac{1}{17}\right)}]{r_3+r_2}\begin{pmatrix}1&7&-8&9\\0&1&-\frac{19}{17}&\frac{20}{17}\\0&0&0&0\\0&0&0&0\end{pmatrix}$$

$$\xrightarrow{r_1-7r_2}\begin{pmatrix}1&0&-\frac{3}{17}&\frac{13}{17}\\0&1&-\frac{19}{17}&\frac{20}{17}\\0&0&0&0\\0&0&0&0\end{pmatrix},$$

则 $r(\boldsymbol{A})=2$.基础解系个数 $s=4-2=2$.

由此可知原方程的同解方程组为

$$\begin{cases}x_1-\frac{3}{17}x_3+\frac{13}{17}x_4=0,\\x_2-\frac{19}{17}x_3+\frac{20}{17}x_4=0,\end{cases}\text{得}\begin{cases}x_1=\frac{3}{17}x_3-\frac{13}{17}x_4,\\x_2=\frac{19}{17}x_3-\frac{20}{17}x_4.\end{cases}$$

对自由变量分别赋值为 $x_3=17,x_4=0$ 和 $x_3=0,x_4=17$.得到通解为

$$\begin{pmatrix}x_1\\x_2\\x_3\\x_4\end{pmatrix}=k_1\begin{pmatrix}3\\19\\17\\0\end{pmatrix}+k_2\begin{pmatrix}-13\\-20\\0\\17\end{pmatrix},$$

其中,k_1,k_2 为任意常数.

2 (1) **解** 令

$$(\boldsymbol{A}\mid\boldsymbol{b})=\left(\begin{array}{ccc|c}4&2&-1&2\\3&-1&2&10\\11&3&0&8\end{array}\right)\xrightarrow{r_1-r_2}\left(\begin{array}{ccc|c}1&3&-3&-8\\3&-1&2&10\\11&3&0&8\end{array}\right)$$

$$\xrightarrow[r_3-11r_1]{r_2-3r_1}\left(\begin{array}{ccc|c}1&3&-3&-8\\0&-10&11&34\\0&-30&33&96\end{array}\right)\xrightarrow{r_3-3r_2}\left(\begin{array}{ccc|c}1&3&-3&-8\\0&-10&11&34\\0&0&0&-6\end{array}\right),$$

由于 $r(\boldsymbol{A})=2\neq r(\boldsymbol{A}\mid\boldsymbol{b})=3$,故方程组无解.

（2）解　令

$$(\boldsymbol{A}\ \vdots\ \boldsymbol{b})=\left(\begin{array}{cccc:c}2&3&1&4\\1&-2&4&-5\\3&8&-2&13\\4&-1&9&-6\end{array}\right)\xrightarrow{r_1\leftrightarrow r_2}\left(\begin{array}{ccc:c}1&-2&4&-5\\2&3&1&4\\3&8&-2&13\\4&-1&9&-6\end{array}\right)$$

$$\xrightarrow[\substack{r_3-3r_1\\r_4-4r_1}]{r_2-2r_1}\left(\begin{array}{ccc:c}1&-2&4&-5\\0&7&-7&14\\0&14&-14&28\\0&7&-7&14\end{array}\right)\xrightarrow[\substack{r_4-r_2\\r_2\times\frac{1}{7}}]{r_3-2r_2}\left(\begin{array}{ccc:c}1&-2&4&-5\\0&1&-1&2\\0&0&0&0\\0&0&0&0\end{array}\right)$$

$$\xrightarrow{r_1+2r_2}\left(\begin{array}{ccc:c}1&0&2&-1\\0&1&-1&2\\0&0&0&0\\0&0&0&0\end{array}\right),$$

则原方程组的同解方程组为

$$\begin{cases}x_1+2x_3=-1,\\x_2-x_3=2,\end{cases}\text{得}\begin{cases}x_1=-1-2x_3,\\x_2=2+x_3.\end{cases}$$

对自由变量赋值 $x_3=0$ 得 $\boldsymbol{Ax}=\boldsymbol{b}$ 的一个特解为

$$\begin{pmatrix}-1\\2\\0\end{pmatrix};$$

再对自由变量赋值 $x_3=1$ 得 $\boldsymbol{Ax}=\boldsymbol{0}$ 的基础解系为

$$\begin{pmatrix}-2\\1\\1\end{pmatrix}.$$

故通解为

$$\begin{pmatrix}x_1\\x_2\\x_3\end{pmatrix}=k\begin{pmatrix}-2\\1\\1\end{pmatrix}+\begin{pmatrix}-1\\2\\0\end{pmatrix},$$

其中 k 为任意常数.

（3）解　令

$$(\boldsymbol{A}\ \vdots\ \boldsymbol{b})=\left(\begin{array}{cccc:c}2&1&-1&1&1\\4&2&-2&1&2\\2&1&-1&-1&1\end{array}\right)\xrightarrow[r_3-r_1]{r_2-2r_1}\left(\begin{array}{cccc:c}2&1&-1&1&1\\0&0&0&-1&0\\0&0&0&-2&0\end{array}\right)$$

$$\xrightarrow[\substack{r_1+r_2\\r_2\times(-1)}]{r_3-2r_2}\left(\begin{array}{cccc:c}2&1&-1&0&1\\0&0&0&1&0\\0&0&0&0&0\end{array}\right)\xrightarrow{r_1\times\frac{1}{2}}\left(\begin{array}{cccc:c}1&\frac{1}{2}&-\frac{1}{2}&0&\frac{1}{2}\\0&0&0&1&0\\0&0&0&0&0\end{array}\right),$$

则原方程组的同解方程组为

$$\begin{cases}x_1+\frac{1}{2}x_2-\frac{1}{2}x_3=\frac{1}{2},\\ x_4=0,\end{cases} \text{即} \begin{cases}x_1=\frac{1}{2}-\frac{1}{2}x_2+\frac{1}{2}x_3,\\ x_4=0.\end{cases}$$

对自由变量全赋值为零,即 $x_2=x_3=0$,得 $\boldsymbol{Ax}=\boldsymbol{b}$ 的一个特解为

$$\begin{pmatrix}\frac{1}{2}\\0\\0\\0\end{pmatrix};$$

再分别对自由变量赋值 $x_2=1,x_3=0$ 和 $x_2=0,x_3=1$,得 $\boldsymbol{Ax}=\boldsymbol{0}$ 的基础解系为

$$\begin{pmatrix}-\frac{1}{2}\\1\\0\\0\end{pmatrix},\begin{pmatrix}\frac{1}{2}\\0\\1\\0\end{pmatrix}.$$

故通解为

$$\begin{pmatrix}x_1\\x_2\\x_3\\x_4\end{pmatrix}=k_1\begin{pmatrix}-\frac{1}{2}\\1\\0\\0\end{pmatrix}+k_2\begin{pmatrix}\frac{1}{2}\\0\\1\\0\end{pmatrix}+\begin{pmatrix}\frac{1}{2}\\0\\0\\0\end{pmatrix},$$

其中 k_1,k_2 为任意常数.

(4) 解　令

$$(\boldsymbol{A}\,\vdots\,\boldsymbol{b})=\left(\begin{array}{cccc|c}2&1&-1&1&1\\3&-2&1&-3&4\\1&4&-3&5&-2\end{array}\right)$$

$$\xrightarrow{r_1\leftrightarrow r_3}\left(\begin{array}{cccc|c}1&4&-3&5&-2\\3&-2&1&-3&4\\2&1&-1&1&1\end{array}\right)$$

$$\xrightarrow[r_3-2r_1]{r_2-3r_1}\left(\begin{array}{cccc|c}1&4&-3&5&-2\\0&-14&10&-18&10\\0&-7&5&-9&5\end{array}\right)$$

$$\xrightarrow{r_2\leftrightarrow r_3}\left(\begin{array}{cccc|c}1&4&-3&5&-2\\0&-7&5&-9&5\\0&-14&10&-18&10\end{array}\right)$$

$$\xrightarrow{r_3-2r_2}\begin{pmatrix}1&4&-3&5&\vdots&-2\\0&-7&5&-9&\vdots&5\\0&0&0&0&\vdots&0\end{pmatrix}$$

$$\xrightarrow{r_2\times\left(-\frac{1}{7}\right)}\begin{pmatrix}1&4&-3&5&\vdots&-2\\0&1&-\frac{5}{7}&\frac{9}{7}&\vdots&-\frac{5}{7}\\0&0&0&0&\vdots&0\end{pmatrix}$$

$$\xrightarrow{r_1-4r_2}\begin{pmatrix}1&0&-\frac{1}{7}&-\frac{1}{7}&\frac{6}{7}\\0&1&-\frac{5}{7}&\frac{9}{7}&-\frac{5}{7}\\0&0&0&0&0\end{pmatrix},$$

则原方程组的同解方程组为

$$\begin{cases}x_1-\frac{1}{7}x_3-\frac{1}{7}x_4=\frac{6}{7},\\x_2-\frac{5}{7}x_3+\frac{9}{7}x_4=-\frac{5}{7},\end{cases}\text{即}\begin{cases}x_1=\frac{1}{7}x_3+\frac{1}{7}x_4+\frac{6}{7},\\x_2=\frac{5}{7}x_3-\frac{9}{7}x_4-\frac{5}{7}.\end{cases}$$

对自由变量全赋值为零,即 $x_3=x_4=0$,得 $\boldsymbol{Ax}=\boldsymbol{b}$ 的一个特解为

$$\begin{pmatrix}\frac{6}{7}\\-\frac{5}{7}\\0\\0\end{pmatrix};$$

再分别对自由变量赋值 $x_3=0,x_4=1$ 和 $x_3=1,x_4=0$,得 $\boldsymbol{Ax}=\boldsymbol{0}$ 的基础解系为

$$\begin{pmatrix}\frac{1}{7}\\\frac{5}{7}\\1\\0\end{pmatrix},\begin{pmatrix}\frac{1}{7}\\-\frac{9}{7}\\0\\1\end{pmatrix}.$$

故通解为

$$\begin{pmatrix}x_1\\x_2\\x_3\\x_4\end{pmatrix}=k_1\begin{pmatrix}\frac{1}{7}\\\frac{5}{7}\\1\\0\end{pmatrix}+k_2\begin{pmatrix}\frac{1}{7}\\-\frac{9}{7}\\0\\1\end{pmatrix}+\begin{pmatrix}\frac{6}{7}\\-\frac{5}{7}\\0\\0\end{pmatrix},$$

其中 k_1,k_2 为任意常数.

强化训练

1 **解** 设齐次线性方程组的一个方程为

$$ax_1+bx_2+cx_3+dx_4=0.$$

将通解向量代入方程组，得

$$\begin{cases}2a+3b+c=0,\\ b+3c+2d=0.\end{cases}$$

由

$$\boldsymbol{B}=\begin{pmatrix}2&3&1&0\\0&1&3&2\end{pmatrix}\xrightarrow{r_1-3r_2}\begin{pmatrix}2&0&-8&-6\\0&1&3&2\end{pmatrix}\xrightarrow{r_1\times\frac{1}{2}}\begin{pmatrix}1&0&-4&-3\\0&1&3&2\end{pmatrix},$$

得 $r(\boldsymbol{B})=2$，基础解系个数 $s=4-2=2$.

同解方程组为

$$\begin{cases}a-4c-3d=0,\\ b+3c+2d=0,\end{cases}\text{得}\begin{cases}a=4c+3d,\\ b=-3c-2d.\end{cases}$$

对自由变量分别赋值 $c=1,d=0$ 和 $c=0,d=1$，得

$$\begin{pmatrix}a\\b\\c\\d\end{pmatrix}=k_1\begin{pmatrix}4\\-3\\1\\0\end{pmatrix}+k_2\begin{pmatrix}3\\-2\\0\\1\end{pmatrix},$$

其中 k_1,k_2 为任意常数.

故可取齐次线性方程组为

$$\begin{cases}4x_1-3x_2+x_3=0,\\ 3x_1-2x_2+x_4=0.\end{cases}\text{(答案不唯一)}$$

2 **解** 设齐次线性方程组的一个方程为

$$ax_1+bx_2+cx_3+dx_4=0.$$

将通解代入方程组，得

$$\begin{cases}2a-3b+c=0,\\ -2a+4b+d=0.\end{cases}$$

由

$$\boldsymbol{B}=\begin{pmatrix}2&-3&1&0\\-2&4&0&1\end{pmatrix}\xrightarrow{r_2+r_1}\begin{pmatrix}2&-3&1&0\\0&1&1&1\end{pmatrix}$$

$$\xrightarrow{r_1+3r_2}\begin{pmatrix}2&0&4&3\\0&1&1&1\end{pmatrix}\xrightarrow{r_1\times\frac{1}{2}}\begin{pmatrix}1&0&2&\frac{3}{2}\\0&1&1&1\end{pmatrix},$$

得 $r(\boldsymbol{B})=2$，基础解系个数为 $s=4-2=2$.

同解方程组为

$$\begin{cases} a+2c+\frac{3}{2}d=0, \\ b+c+d=0, \end{cases} \text{得} \begin{cases} a=-2c-\frac{3}{2}d, \\ b=-c-d. \end{cases}$$

对自由变量分别赋值 $c=1,d=0$ 和 $c=0,d=2$，得

$$\begin{pmatrix} a \\ b \\ c \\ d \end{pmatrix}=k_1\begin{pmatrix} -2 \\ -1 \\ 1 \\ 0 \end{pmatrix}+k_2\begin{pmatrix} -3 \\ -2 \\ 0 \\ 2 \end{pmatrix},$$

其中 k_1,k_2 为任意常数.

故可取齐次线性方程组为

$$\begin{cases} -2x_1-x_2+x_3=0, \\ -3x_1-2x_2+2x_4=0. \end{cases}\text{（答案不唯一）}$$

3 **解**　由于 $r(\boldsymbol{B})=2$，则将 $\boldsymbol{B}$ 列分块为两个线性无关的向量，即 $\boldsymbol{B}=(\boldsymbol{\alpha}_1,\boldsymbol{\alpha}_2)$.

由 $\boldsymbol{AB}=\boldsymbol{A}(\boldsymbol{\alpha}_1,\boldsymbol{\alpha}_2)=(\boldsymbol{A\alpha}_1,\boldsymbol{A\alpha}_2)=\boldsymbol{0}$，则 $\begin{cases} \boldsymbol{A\alpha}_1=\boldsymbol{0}, \\ \boldsymbol{A\alpha}_2=\boldsymbol{0}. \end{cases}$

又由于 $r(\boldsymbol{A})=2$，基础解系个数 $s=4-2=2$，所以 $\boldsymbol{\alpha}_1,\boldsymbol{\alpha}_2$ 可看成 $\boldsymbol{Ax}=\boldsymbol{0}$ 的基础解系.

故转为求 $\boldsymbol{Ax}=\boldsymbol{0}$ 的基础解系.

$$\boldsymbol{A}=\begin{pmatrix} 2 & -2 & 1 & 3 \\ 9 & -5 & 2 & 8 \end{pmatrix}\xrightarrow{r_1\times\frac{1}{2}}\begin{pmatrix} 1 & -1 & \frac{1}{2} & \frac{3}{2} \\ 9 & -5 & 2 & 8 \end{pmatrix}$$

$$\xrightarrow{r_2-9r_1}\begin{pmatrix} 1 & -1 & \frac{1}{2} & \frac{3}{2} \\ 0 & 4 & -\frac{5}{2} & -\frac{11}{2} \end{pmatrix}\xrightarrow[r_2\times 2]{r_1\times 2}\begin{pmatrix} 2 & -2 & 1 & 3 \\ 0 & 8 & -5 & -11 \end{pmatrix},$$

故

$$\begin{cases} 2x_1-2x_2+x_3+3x_4=0, \\ 8x_2-5x_3-11x_4=0, \end{cases}\text{即}\begin{cases} 2x_1-2x_2=-x_3-3x_4, \\ 8x_2=5x_3+11x_4. \end{cases}$$

对自由变量分别赋值 $x_3=8,x_4=0$ 和 $x_3=0,x_4=8$，得

$$\boldsymbol{\alpha}_1=\begin{pmatrix} 1 \\ 5 \\ 8 \\ 0 \end{pmatrix},\boldsymbol{\alpha}_2=\begin{pmatrix} -1 \\ 11 \\ 0 \\ 8 \end{pmatrix},$$

故 $\boldsymbol{B}=\begin{pmatrix} 1 & -1 \\ 5 & 11 \\ 8 & 0 \\ 0 & 8 \end{pmatrix}$.（答案不唯一）

注 本题将矩阵化为行阶梯形,并没有进一步化为行最简形.其实通过普通行阶梯形就可以确定自由变量,再对自由变量赋值,代入同解方程组推出主变量即可.

4 **解** 令 $\boldsymbol{A}=\begin{pmatrix}\lambda-2 & -3 & -2\\ -1 & \lambda-8 & -2\\ 2 & 14 & \lambda+3\end{pmatrix}$,由于 $\boldsymbol{A}$ 为 3×3 方阵,则

$$\boldsymbol{Ax}=\boldsymbol{0}\text{ 有非零解}\Leftrightarrow r(\boldsymbol{A})<3\Leftrightarrow|\boldsymbol{A}|=0.$$

所以令 $|\boldsymbol{A}|=0$,于是有

$$\begin{vmatrix}\lambda-2 & -3 & -2\\ -1 & \lambda-8 & -2\\ 2 & 14 & \lambda+3\end{vmatrix}\xlongequal{c_3-2c_1}\begin{vmatrix}\lambda-2 & -3 & 2-2\lambda\\ -1 & \lambda-8 & 0\\ 2 & 14 & \lambda-1\end{vmatrix}$$

$$\xlongequal{r_1+2r_3}\begin{vmatrix}\lambda+2 & 25 & 0\\ -1 & \lambda-8 & 0\\ 2 & 14 & \lambda-1\end{vmatrix}$$

$$=(-1)^{3+3}(\lambda-1)\begin{vmatrix}\lambda+2 & 25\\ -1 & \lambda-8\end{vmatrix}$$

$$=(\lambda-1)(\lambda-3)^2=0.$$

故当 $\lambda=1$ 或 $\lambda=3$ 时,$\boldsymbol{Ax}=\boldsymbol{0}$ 有非零解.

① 当 $\lambda=1$ 时,

$$\boldsymbol{A}=\begin{pmatrix}-1 & -3 & -2\\ -1 & -7 & -2\\ 2 & 14 & 4\end{pmatrix}\xrightarrow[\substack{r_2\times(-1)\\ r_3-2r_2}]{r_1\times(-1)}\begin{pmatrix}1 & 3 & 2\\ 1 & 7 & 2\\ 0 & 0 & 0\end{pmatrix}\xrightarrow{r_2-r_1}\begin{pmatrix}1 & 3 & 2\\ 0 & 4 & 0\\ 0 & 0 & 0\end{pmatrix}\xrightarrow{r_2\times\frac{1}{4}}\begin{pmatrix}1 & 3 & 2\\ 0 & 1 & 0\\ 0 & 0 & 0\end{pmatrix},$$

则 $\begin{cases}x_1+3x_2+2x_3=0,\\ x_2=0.\end{cases}$

令 $x_3=-1$,得 $x_1=2$,故通解为

$$\begin{pmatrix}x_1\\ x_2\\ x_3\end{pmatrix}=k_1\begin{pmatrix}2\\ 0\\ -1\end{pmatrix},$$

其中 k_1 为任意常数.

② 当 $\lambda=3$ 时,

$$\boldsymbol{A}=\begin{pmatrix}1 & -3 & -2\\ -1 & -5 & -2\\ 2 & 14 & 6\end{pmatrix}\xrightarrow[r_3-2r_1]{r_2+r_1}\begin{pmatrix}1 & -3 & -2\\ 0 & -8 & -4\\ 0 & 20 & 10\end{pmatrix}$$

$$\xrightarrow[r_3\times\frac{1}{10}]{r_2\times\left(-\frac{1}{4}\right)}\begin{pmatrix}1 & -3 & -2\\ 0 & 2 & 1\\ 0 & 2 & 1\end{pmatrix}\xrightarrow{r_3-r_2}\begin{pmatrix}1 & -3 & -2\\ 0 & 2 & 1\\ 0 & 0 & 0\end{pmatrix},$$

故 $\begin{cases}x_1-3x_2-2x_3=0,\\ \quad\ 2x_2+x_3=0,\end{cases}$ 即 $\begin{cases}x_1-3x_2=2x_3,\\ \quad\ 2x_2=-x_3.\end{cases}$

令 $x_3=2$,得 $x_2=-1,x_1=1$,故通解为

$$\begin{pmatrix}x_1\\x_2\\x_3\end{pmatrix}=k_2\begin{pmatrix}1\\-1\\2\end{pmatrix},$$

其中 k_2 为任意常数.

注 在计算行列式时,可对行列式进行行与列性质的混合运算.但在求解方程组时,我们只能对矩阵进行初等行变换.希望同学们要会区分矩阵与行列式运算的差异,不要混淆.

5 解 $$A=\begin{pmatrix}1+a&1&\cdots&1\\2&2+a&\cdots&2\\\vdots&\vdots&&\vdots\\n&n&\cdots&n+a\end{pmatrix}\xrightarrow[i=2,\cdots,n]{r_i-ir_1}\begin{pmatrix}1+a&1&\cdots&1\\-2a&a&\cdots&0\\\vdots&\vdots&&\vdots\\-na&0&\cdots&a\end{pmatrix}.$$

(1) 当 $a=0$ 时,$r(A)=1$,方程组的同解方程为

$$x_1+x_2+\cdots+x_n=0,$$

可得基础解系为

$$\boldsymbol{\alpha}_1=\begin{pmatrix}-1\\1\\0\\\vdots\\0\end{pmatrix},\boldsymbol{\alpha}_2=\begin{pmatrix}-1\\0\\1\\\vdots\\0\end{pmatrix},\cdots,\boldsymbol{\alpha}_{n-1}=\begin{pmatrix}-1\\0\\0\\\vdots\\1\end{pmatrix}.$$

于是 $Ax=0$ 的通解为

$$x=k_1\boldsymbol{\alpha}_1+k_2\boldsymbol{\alpha}_2+\cdots+k_{n-1}\boldsymbol{\alpha}_{n-1},$$

其中 $k_1,k_2,\cdots,k_{n-1}$ 为任意常数.

(2) 当 $a\neq0$ 时,继续做初等变换.

$$A\rightarrow\begin{pmatrix}1+a&1&\cdots&1\\-2a&a&\cdots&0\\\vdots&\vdots&&\vdots\\-na&0&\cdots&a\end{pmatrix}\xrightarrow[i=2,\cdots,n]{r_i\times\frac{1}{a}}\begin{pmatrix}1+a&1&\cdots&1\\-2&1&\cdots&0\\\vdots&\vdots&&\vdots\\-n&0&\cdots&1\end{pmatrix}$$

$$\xrightarrow{r_1-\sum_{i=2}^{n}r_i}\begin{pmatrix}a+\frac{n(n+1)}{2}&0&\cdots&0\\-2&1&\cdots&0\\\vdots&\vdots&&\vdots\\-n&0&\cdots&1\end{pmatrix}.$$

① 当 $a\neq-\frac{n(n+1)}{2}$ 时,$r(A)=n$,方程组只有零解.

② 当 $a=-\frac{n(n+1)}{2}$ 时,$r(A)=n-1$,同解方程组为

$$\begin{cases}-2x_1+x_2=0,\\-3x_1+x_3=0,\\\cdots\cdots\cdots\cdots\\-nx_1+x_n=0,\end{cases}$$

可得基础解系为

$$\boldsymbol{\beta}=\begin{pmatrix}1\\2\\\vdots\\n\end{pmatrix},$$

于是 $\boldsymbol{Ax}=\boldsymbol{0}$ 的通解为 $\boldsymbol{x}=k\boldsymbol{\beta}$，其中 k 为任意常数.

注 本题还可由 $|\boldsymbol{A}|=\left[a+\dfrac{n(n+1)}{2}\right]a^{n-1}$ 进行讨论.

① 当 $a\neq0$ 且 $a\neq-\dfrac{n(n+1)}{2}$ 时，$\boldsymbol{Ax}=\boldsymbol{0}$ 只有零解.

② 当 $a=0$ 时，$r(\boldsymbol{A})=1$，$\boldsymbol{Ax}=\boldsymbol{0}$ 有无穷多解.

③ 当 $a=-\dfrac{n(n+1)}{2}\neq0$ 时，$r(\boldsymbol{A})=n-1$，$\boldsymbol{Ax}=\boldsymbol{0}$ 有无穷多解.

6 **解** 方法一：由于 $\boldsymbol{Ax}=\boldsymbol{b}$ 无解 $\Leftrightarrow r(\boldsymbol{A})\neq r(\boldsymbol{A}\mid\boldsymbol{b})$，则

$$(\boldsymbol{A}\mid\boldsymbol{b})=\left(\begin{array}{ccc|c}1&2&1&1\\2&3&a+2&3\\1&a&-2&0\end{array}\right)\xrightarrow[r_3-r_1]{r_2-2r_1}\left(\begin{array}{ccc|c}1&2&1&1\\0&-1&a&1\\0&a-2&-3&-1\end{array}\right)$$

$$\xrightarrow{r_3+(a-2)r_2}\left(\begin{array}{ccc|c}1&2&1&1\\0&-1&a&1\\0&0&(a-3)(a+1)&a-3\end{array}\right).$$

当 $a=-1$ 时，$r(\boldsymbol{A})=2\neq r(\boldsymbol{A}\mid\boldsymbol{b})=3\Leftrightarrow\boldsymbol{Ax}=\boldsymbol{b}$ 无解.

方法二：$\boldsymbol{Ax}=\boldsymbol{b}$ 无解 $\Rightarrow|\boldsymbol{A}|=0$，则

$$|\boldsymbol{A}|=\begin{vmatrix}1&2&1\\2&3&a+2\\1&a&-2\end{vmatrix}\overset{r_2-2r_1}{\underset{r_3-r_1}{=\!=\!=}}\begin{vmatrix}1&2&1\\0&-1&a\\0&a-2&-3\end{vmatrix}=-(a-3)(a+1)=0.$$

① 当 $a=3$ 时，

$$(\boldsymbol{A}\mid\boldsymbol{b})=\left(\begin{array}{ccc|c}1&2&1&1\\2&3&5&3\\1&3&-2&0\end{array}\right)\xrightarrow[\substack{r_3-r_1\\r_3+r_2}]{r_2-2r_1}\left(\begin{array}{ccc|c}1&2&1&1\\0&-1&3&1\\0&0&0&0\end{array}\right),$$

$r(\boldsymbol{A})=2=r(\boldsymbol{A}\mid\boldsymbol{b})$，方程组有解，舍去.

② 当 $a=-1$ 时，

$$(\boldsymbol{A}\mid\boldsymbol{b})=\left(\begin{array}{ccc|c}1&2&1&1\\2&3&1&3\\1&-1&-2&0\end{array}\right)\xrightarrow[\substack{r_2\times(-1)\\r_3+3r_2}]{\substack{r_2-2r_1\\r_3-r_1}}\left(\begin{array}{ccc|c}1&2&1&1\\0&1&1&-1\\0&0&0&2\end{array}\right),$$

$r(\boldsymbol{A})=2\neq r(\boldsymbol{A}\mid\boldsymbol{b})=3$,故 $a=-1$.

7 解 方法一:

$$(\boldsymbol{A}\mid\boldsymbol{b})=\left(\begin{array}{ccc|c}\lambda&1&1&1\\1&\lambda&1&\lambda\\1&1&\lambda&\lambda^2\end{array}\right)\xrightarrow{r_1\leftrightarrow r_3}\left(\begin{array}{ccc|c}1&1&\lambda&\lambda^2\\1&\lambda&1&\lambda\\\lambda&1&1&1\end{array}\right)$$

$$\xrightarrow[r_3-\lambda r_1]{r_2-r_1}\left(\begin{array}{ccc|c}1&1&\lambda&\lambda^2\\0&\lambda-1&1-\lambda&\lambda(1-\lambda)\\0&1-\lambda&1-\lambda^2&1-\lambda^3\end{array}\right)$$

$$\xrightarrow{r_3+r_2}\left(\begin{array}{ccc|c}1&1&\lambda&\lambda^2\\0&\lambda-1&1-\lambda&\lambda(1-\lambda)\\0&0&(\lambda+2)(1-\lambda)&(1-\lambda)(\lambda+1)^2\end{array}\right),$$

① 当 $\lambda=1$ 时,$r(\boldsymbol{A})=r(\boldsymbol{A}\mid\boldsymbol{b})=1$,方程组有无穷多解;

② 当 $\lambda=-2$ 时,$r(\boldsymbol{A})=2\neq r(\boldsymbol{A}\mid\boldsymbol{b})=3$,方程组无解;

③ 当 $\lambda\neq1$ 且 $\lambda\neq-2$ 时,$r(\boldsymbol{A})=3=r(\boldsymbol{A}\mid\boldsymbol{b})$,方程组有唯一解.

方法二:

令

$$|\boldsymbol{A}|=\begin{vmatrix}\lambda&1&1\\1&\lambda&1\\1&1&\lambda\end{vmatrix}\xlongequal[c_1+c_3]{c_1+c_2}\begin{vmatrix}\lambda+2&1&1\\\lambda+2&\lambda&1\\\lambda+2&1&\lambda\end{vmatrix}$$

$$=(\lambda+2)\begin{vmatrix}1&1&1\\0&\lambda-1&0\\0&0&\lambda-1\end{vmatrix}=(\lambda+2)(\lambda-1)^2.$$

① 当 $\lambda\neq1$ 且 $\lambda\neq-2$ 时,$|\boldsymbol{A}|\neq0\Rightarrow r(\boldsymbol{A})=3$,则 $r(\boldsymbol{A})=r(\boldsymbol{A}\mid\boldsymbol{b})=3$,方程组有唯一解;

② 当 $\lambda=1$ 时,原方程组的同解方程为

$$x_1+x_2+x_3=1,$$

可得 $r(\boldsymbol{A})=r(\boldsymbol{A}\mid\boldsymbol{b})=1$,方程组有无穷多解.

③ 当 $\lambda=-2$ 时,对方程组的增广矩阵进行初等行变换,得

$$(\boldsymbol{A}\mid\boldsymbol{b})=\left(\begin{array}{ccc|c}-2&1&1&1\\1&-2&1&-2\\1&1&-2&4\end{array}\right)\xrightarrow[r_3+r_2]{r_3+r_1}\left(\begin{array}{ccc|c}-2&1&1&1\\1&-2&1&-2\\0&0&0&3\end{array}\right),$$

有 $r(\boldsymbol{A})=2\neq r(\boldsymbol{A}\mid\boldsymbol{b})=3$,则方程组无解.

8 解 对增广矩阵做初等行变换,化为行最简形.

$$(\boldsymbol{A}\mid\boldsymbol{b})=\left(\begin{array}{ccc|c}-2&1&1&-2\\1&-2&1&\lambda\\1&1&-2&\lambda^2\end{array}\right)\xrightarrow{r_1\leftrightarrow r_3}\left(\begin{array}{ccc|c}1&1&-2&\lambda^2\\1&-2&1&\lambda\\-2&1&1&-2\end{array}\right)$$

$$\xrightarrow[r_3+2r_1]{r_2-r_1}\left(\begin{array}{ccc|c}1 & 1 & -2 & \lambda^2\\0 & -3 & 3 & \lambda(1-\lambda)\\0 & 3 & -3 & -2+2\lambda^2\end{array}\right)$$

$$\xrightarrow{r_3+r_2}\left(\begin{array}{ccc|c}1 & 1 & -2 & \lambda^2\\0 & -3 & 3 & \lambda(1-\lambda)\\0 & 0 & 0 & (\lambda+2)(\lambda-1)\end{array}\right)$$

$$\xrightarrow{r_2\times\left(-\frac{1}{3}\right)}\left(\begin{array}{ccc|c}1 & 1 & -2 & \lambda^2\\0 & 1 & -1 & -\frac{1}{3}\lambda(1-\lambda)\\0 & 0 & 0 & (\lambda-1)(\lambda+2)\end{array}\right)$$

$$\xrightarrow{r_1-r_2}\left(\begin{array}{ccc|c}1 & 0 & -1 & \lambda^2+\frac{1}{3}\lambda(1-\lambda)\\0 & 1 & -1 & -\frac{1}{3}\lambda(1-\lambda)\\0 & 0 & 0 & (\lambda-1)(\lambda+2)\end{array}\right).$$

① 当 $\lambda=1$ 时，$r(\boldsymbol{A})=r(\boldsymbol{A}\mid\boldsymbol{b})=2$，方程组有解，同解方程组为

$$\begin{cases}x_1-x_3=1,\\x_2-x_3=0,\end{cases}\text{即}\begin{cases}x_1=x_3+1,\\x_2=x_3.\end{cases}$$

对自由变量赋值 $x_3=1$，得 $\boldsymbol{Ax}=\boldsymbol{0}$ 的基础解系为

$$\begin{pmatrix}1\\1\\1\end{pmatrix};$$

对自由变量赋值 $x_3=0$，得 $\boldsymbol{Ax}=\boldsymbol{b}$ 的一个特解为

$$\begin{pmatrix}1\\0\\0\end{pmatrix}.$$

此时通解为

$$\begin{pmatrix}x_1\\x_2\\x_3\end{pmatrix}=k_1\begin{pmatrix}1\\1\\1\end{pmatrix}+\begin{pmatrix}1\\0\\0\end{pmatrix},$$

其中 k_1 为任意常数.

② 当 $\lambda=-2$ 时，$r(\boldsymbol{A})=r(\boldsymbol{A}\mid\boldsymbol{b})=2$，方程组有解，同解方程组为

$$\begin{cases}x_1-x_3=2,\\x_2-x_3=2,\end{cases}\text{即}\begin{cases}x_1=x_3+2,\\x_2=x_3+2.\end{cases}$$

对自由变量赋值 $x_3=1$，得 $\boldsymbol{Ax}=\boldsymbol{0}$ 的基础解系为

$$\begin{pmatrix}1\\1\\1\end{pmatrix};$$

对自由变量赋值 $x_3=0$，得 $\boldsymbol{Ax}=\boldsymbol{b}$ 的一个特解为

$$\begin{pmatrix}2\\2\\0\end{pmatrix}.$$

此时通解为

$$\begin{pmatrix}x_1\\x_2\\x_3\end{pmatrix}=k_2\begin{pmatrix}1\\1\\1\end{pmatrix}+\begin{pmatrix}2\\2\\0\end{pmatrix},$$

其中 k_2 为任意常数.

9 解 $|\boldsymbol{A}|=\begin{vmatrix}2-\lambda & 2 & -2\\ 2 & 5-\lambda & -4\\ -2 & -4 & 5-\lambda\end{vmatrix}\xlongequal{c_3+c_2}\begin{vmatrix}2-\lambda & 2 & 0\\ 2 & 5-\lambda & 1-\lambda\\ -2 & -4 & 1-\lambda\end{vmatrix}$

$$\xlongequal{r_2-r_3}\begin{vmatrix}2-\lambda & 2 & 0\\ 4 & 9-\lambda & 0\\ -2 & -4 & 1-\lambda\end{vmatrix}=(1-\lambda)[(2-\lambda)(9-\lambda)-8]$$

$$=(1-\lambda)(\lambda^2-11\lambda+10)=-(\lambda-1)^2(\lambda-10).$$

① 当 $\lambda\neq1$ 且 $\lambda\neq10$ 时，方程组有唯一解.

② 当 $\lambda=1$ 时，方程组为

$$\begin{cases}x_1+2x_2-2x_3=1,\\2x_1+4x_2-4x_3=2,\\-2x_1-4x_2+4x_3=-2,\end{cases}$$

其同解方程为

$$x_1+2x_2-2x_3=1，即\ x_1=-2x_2+2x_3+1.$$

对自由变量分别赋值 $x_2=1,x_3=0$ 和 $x_2=0,x_3=1$，得 $\boldsymbol{Ax}=\boldsymbol{0}$ 的基础解系为

$$\begin{pmatrix}-2\\1\\0\end{pmatrix},\begin{pmatrix}2\\0\\1\end{pmatrix}.$$

对自由变量赋值 $x_2=x_3=0$，得 $\boldsymbol{Ax}=\boldsymbol{b}$ 的一个特解为

$$\begin{pmatrix}1\\0\\0\end{pmatrix}.$$

故方程组的通解为

$$\begin{pmatrix}x_1\\x_2\\x_3\end{pmatrix}=k_1\begin{pmatrix}-2\\1\\0\end{pmatrix}+k_2\begin{pmatrix}2\\0\\1\end{pmatrix}+\begin{pmatrix}1\\0\\0\end{pmatrix},$$

其中 k_1,k_2 为任意常数.

③ 当 $\lambda=10$ 时，方程组为

$$\begin{cases}-8x_1+2x_2-2x_3=1,\\2x_1-5x_2-4x_3=2,\\-2x_1-4x_2-5x_3=-11.\end{cases}$$

对增广矩阵做初等行变换：

$$(\boldsymbol{A}\mid\boldsymbol{b})=\left(\begin{array}{ccc|c}-8&2&-2&1\\2&-5&-4&2\\-2&-4&-5&-11\end{array}\right)\xrightarrow[r_3+r_2]{r_1+4r_2}\left(\begin{array}{ccc|c}0&-18&-18&9\\2&-5&-4&2\\0&-9&-9&-9\end{array}\right)$$

$$\xrightarrow{r_1-2r_3}\left(\begin{array}{ccc|c}0&0&0&27\\2&-5&-4&2\\0&-9&-9&-9\end{array}\right)\xrightarrow[r_1\times\frac{1}{27}]{r_3\times\left(-\frac{1}{9}\right)}\left(\begin{array}{ccc|c}0&0&0&1\\2&-5&-4&2\\0&1&1&1\end{array}\right)$$

$$\xrightarrow[r_2\leftrightarrow r_3]{r_1\leftrightarrow r_2}\left(\begin{array}{ccc|c}2&-5&-4&2\\0&1&1&1\\0&0&0&1\end{array}\right).$$

由于 $r(\boldsymbol{A})=2\neq r(\boldsymbol{A}\mid\boldsymbol{b})=3$，故方程组无解.

10 解 $(\boldsymbol{A}\mid\boldsymbol{E})=\left(\begin{array}{cccc|ccc}1&-2&3&-4&1&0&0\\0&1&-1&1&0&1&0\\1&2&0&-3&0&0&1\end{array}\right)$

$$\xrightarrow{r_3-r_1}\left(\begin{array}{cccc|ccc}1&-2&3&-4&1&0&0\\0&1&-1&1&0&1&0\\0&4&-3&1&-1&0&1\end{array}\right)$$

$$\xrightarrow{r_3-4r_2}\left(\begin{array}{cccc|ccc}1&-2&3&-4&1&0&0\\0&1&-1&1&0&1&0\\0&0&1&-3&-1&-4&1\end{array}\right)$$

$$\xrightarrow{r_2+r_3}\left(\begin{array}{cccc|ccc}1&-2&3&-4&1&0&0\\0&1&0&-2&-1&-3&1\\0&0&1&-3&-1&-4&1\end{array}\right)$$

$$\xrightarrow[r_1-3r_3]{r_1+2r_2}\left(\begin{array}{cccc|ccc}1&0&0&1&2&6&-1\\0&1&0&-2&-1&-3&1\\0&0&1&-3&-1&-4&1\end{array}\right).$$

(1) $\boldsymbol{Ax}=\boldsymbol{0}$ 的同解方程组为

$$\begin{cases}x_1+x_4=0,\\x_2-2x_4=0,\\x_3-3x_4=0,\end{cases}\text{即}\begin{cases}x_1=-x_4,\\x_2=2x_4,\\x_3=3x_4.\end{cases}$$

对自由变量赋值 $x_4=1$ 得 $\boldsymbol{Ax}=\boldsymbol{0}$ 的基础解系为

$$\boldsymbol{\alpha}=\begin{pmatrix}-1\\2\\3\\1\end{pmatrix}.$$

(2) 令 $\boldsymbol{B}=(\boldsymbol{\beta}_1,\boldsymbol{\beta}_2,\boldsymbol{\beta}_3)$，$\boldsymbol{E}=(\boldsymbol{e}_1,\boldsymbol{e}_2,\boldsymbol{e}_3)$，其中 $\boldsymbol{e}_1=\begin{pmatrix}1\\0\\0\end{pmatrix}$，$\boldsymbol{e}_2=\begin{pmatrix}0\\1\\0\end{pmatrix}$，$\boldsymbol{e}_3=\begin{pmatrix}0\\0\\1\end{pmatrix}$.

由 $\boldsymbol{AB}=\boldsymbol{E}$ 知 $\boldsymbol{A}(\boldsymbol{\beta}_1,\boldsymbol{\beta}_2,\boldsymbol{\beta}_3)=(\boldsymbol{e}_1,\boldsymbol{e}_2,\boldsymbol{e}_3)\Rightarrow(\boldsymbol{A\beta}_1,\boldsymbol{A\beta}_2,\boldsymbol{A\beta}_3)=(\boldsymbol{e}_1,\boldsymbol{e}_2,\boldsymbol{e}_3)$，可得

$$\begin{cases}\boldsymbol{A\beta}_1=\boldsymbol{e}_1, & ①\\ \boldsymbol{A\beta}_2=\boldsymbol{e}_2, & ②\\ \boldsymbol{A\beta}_3=\boldsymbol{e}_3. & ③\end{cases}$$

此时可将式①、②、③看成解三个非齐次方程组 $\boldsymbol{Ax}=\boldsymbol{e}_i\ (i=1,2,3)$ 的通解.

① $\boldsymbol{Ax}=\boldsymbol{e}_1$ 的同解方程组为

$$\begin{cases}x_1+x_4=2,\\x_2-2x_4=-1,\\x_3-3x_4=-1,\end{cases}\text{即}\begin{cases}x_1=-x_4+2,\\x_2=2x_4-1,\\x_3=3x_4-1.\end{cases}$$

对自由变量赋值 $x_4=0$ 得 $\boldsymbol{Ax}=\boldsymbol{e}_1$ 的一个特解为

$$\begin{pmatrix}2\\-1\\-1\\0\end{pmatrix}.$$

此时通解

$$\boldsymbol{\beta}_1=k_1\boldsymbol{\alpha}+\begin{pmatrix}2\\-1\\-1\\0\end{pmatrix}=\begin{pmatrix}2-k_1\\-1+2k_1\\-1+3k_1\\k_1\end{pmatrix}.$$

② $\boldsymbol{Ax}=\boldsymbol{e}_2$ 的同解方程组为

$$\begin{cases}x_1+x_4=6,\\x_2-2x_4=-3,\\x_3-3x_4=-4,\end{cases}\text{即}\begin{cases}x_1=-x_4+6,\\x_2=2x_4-3,\\x_3=3x_4-4.\end{cases}$$

对自由变量赋值 $x_4=0$ 得 $\boldsymbol{Ax}=\boldsymbol{e}_2$ 的一个特解为

$$\begin{pmatrix}6\\-3\\-4\\0\end{pmatrix}.$$

此时通解

$$\boldsymbol{\beta}_2=k_2\boldsymbol{\alpha}+\begin{pmatrix}6\\-3\\-4\\0\end{pmatrix}=\begin{pmatrix}6-k_2\\-3+2k_2\\-4+3k_2\\k_2\end{pmatrix}.$$

同理,可得 $\boldsymbol{Ax}=\boldsymbol{e}_3$ 的通解为

$$\boldsymbol{\beta}_3=k_3\boldsymbol{\alpha}+\begin{pmatrix}-1\\1\\1\\0\end{pmatrix}=\begin{pmatrix}-1-k_3\\1+2k_3\\1+3k_3\\k_3\end{pmatrix}.$$

故

$$\boldsymbol{B}=(\boldsymbol{\beta}_1,\boldsymbol{\beta}_2,\boldsymbol{\beta}_3)=\begin{pmatrix}2-k_1 & 6-k_2 & -1-k_3\\-1+2k_1 & -3+2k_2 & 1+2k_3\\-1+3k_1 & -4+3k_2 & 1+3k_3\\k_1 & k_2 & k_3\end{pmatrix},$$

其中 k_1,k_2,k_3 为任意常数.

第 3 章　特征值与特征向量

§ 3.1　特征值与特征向量入门

基础训练

1 解　由 $\boldsymbol{A\alpha}_1=\begin{pmatrix}3&4\\5&2\end{pmatrix}\begin{pmatrix}1\\1\end{pmatrix}=\begin{pmatrix}7\\7\end{pmatrix}=7\begin{pmatrix}1\\1\end{pmatrix}$

$$\boldsymbol{A\alpha}_2=\begin{pmatrix}3&4\\5&2\end{pmatrix}\begin{pmatrix}-1\\1\end{pmatrix}=\begin{pmatrix}1\\-3\end{pmatrix}\neq\lambda\begin{pmatrix}-1\\1\end{pmatrix}$$

$$\boldsymbol{A\alpha}_3=\begin{pmatrix}3&4\\5&2\end{pmatrix}\begin{pmatrix}4\\-5\end{pmatrix}=\begin{pmatrix}-8\\10\end{pmatrix}=-2\begin{pmatrix}4\\-5\end{pmatrix}$$

故 $\boldsymbol{\alpha}_1,\boldsymbol{\alpha}_3$ 是矩阵 $\boldsymbol{A}$ 的特征向量.

强化训练

1 解　由 $\boldsymbol{A\alpha}=1\cdot\boldsymbol{\alpha}$,令 $\boldsymbol{\alpha}=\begin{pmatrix}x\\y\\z\end{pmatrix}$,则

$$\begin{pmatrix}0&0&-2\\1&2&1\\1&0&3\end{pmatrix}\begin{pmatrix}x\\y\\z\end{pmatrix}=\begin{pmatrix}x\\y\\z\end{pmatrix}$$

$$\Rightarrow\begin{cases}-2z=x,\\x+2y+z=y,\\x+3z=z.\end{cases}$$

令 $z=1$,得 $x=-2,y=1$.

故 $k\begin{pmatrix}-2\\1\\1\end{pmatrix}$为 $\lambda=1$ 对应的特征向量,其中 k 为非零常数.

§3.2 求解特征值与特征向量

基础训练

1 (1) 解 令 $|\boldsymbol{A}-\lambda\boldsymbol{E}|=0$,得

$$\begin{vmatrix}3-\lambda & 4\\5 & 2-\lambda\end{vmatrix}=(3-\lambda)(2-\lambda)-20$$
$$=\lambda^2-5\lambda-14$$
$$=(\lambda+2)(\lambda-7)=0,$$

解得 $\lambda_1=-2,\lambda_2=7$.

① 当 $\lambda_1=-2$ 时,求 $(\boldsymbol{A}+2\boldsymbol{E})\boldsymbol{x}=\boldsymbol{0}$ 的基础解系.

$\boldsymbol{A}+2\boldsymbol{E}=\begin{pmatrix}5&4\\5&4\end{pmatrix}\xrightarrow{r_2-r_1}\begin{pmatrix}5&4\\0&0\end{pmatrix}$,得 $\boldsymbol{\alpha}_1=\begin{pmatrix}-4\\5\end{pmatrix}$.

② 当 $\lambda_2=7$ 时,求 $(\boldsymbol{A}-7\boldsymbol{E})\boldsymbol{x}=\boldsymbol{0}$ 的基础解系.

$\boldsymbol{A}-7\boldsymbol{E}=\begin{pmatrix}-4&4\\5&-5\end{pmatrix}\xrightarrow[r_2\times\frac{1}{5}]{r_1\times\frac{1}{4}}\begin{pmatrix}-1&1\\1&-1\end{pmatrix}\xrightarrow{r_2+r_1}\begin{pmatrix}-1&1\\0&0\end{pmatrix}$,得 $\boldsymbol{\alpha}_2=\begin{pmatrix}1\\1\end{pmatrix}$.

故特征值为 $\lambda_1=-2,\lambda_2=7$,对应的特征向量为 $\boldsymbol{\alpha}_1=\begin{pmatrix}-4\\5\end{pmatrix},\boldsymbol{\alpha}_2=\begin{pmatrix}1\\1\end{pmatrix}$.

(2) 解 令 $|\boldsymbol{A}-\lambda\boldsymbol{E}|=0$,得

$$\begin{vmatrix}-\lambda & a\\-a & -\lambda\end{vmatrix}=\lambda^2+a^2=0.$$

① 当 $a=0$ 时,得 $\lambda_1=\lambda_2=0$,且 $\boldsymbol{A}$ 为零矩阵.$\boldsymbol{Ax}=\boldsymbol{0}$ 的基础解系为

$$\boldsymbol{\alpha}_1=\begin{pmatrix}1\\0\end{pmatrix},\boldsymbol{\alpha}_2=\begin{pmatrix}0\\1\end{pmatrix}.$$

② 当 $a\neq0$ 时,得 $\lambda_1=a\mathrm{i},\lambda_2=-a\mathrm{i}$.

1° 当 $\lambda_1=a\mathrm{i}$ 时,求 $(\boldsymbol{A}-a\mathrm{i}\boldsymbol{E})\boldsymbol{x}=\boldsymbol{0}$ 的基础解系.

$$\boldsymbol{A}-a\mathrm{i}\boldsymbol{E}=\begin{pmatrix}-a\mathrm{i}&a\\-a&-a\mathrm{i}\end{pmatrix}\xrightarrow[r_2-r_1]{r_2\times\mathrm{i}}\begin{pmatrix}-a\mathrm{i}&a\\0&0\end{pmatrix},$$

得 $\boldsymbol{\beta}_1=\begin{pmatrix}1\\ \mathrm{i}\end{pmatrix}$.

2° 当 $\lambda_2=-a\mathrm{i}$ 时,求 $(\boldsymbol{A}+a\mathrm{i}\boldsymbol{E})\boldsymbol{x}=\boldsymbol{0}$ 的基础解系.

$$\boldsymbol{A}+a\mathrm{i}\boldsymbol{E}=\begin{pmatrix}a\mathrm{i} & a\\ -a & a\mathrm{i}\end{pmatrix}\xrightarrow[r_2+r_1]{r_2\times \mathrm{i}}\begin{pmatrix}a\mathrm{i} & a\\ 0 & 0\end{pmatrix},$$

得 $\boldsymbol{\beta}_2=\begin{pmatrix}1\\ -\mathrm{i}\end{pmatrix}$.

此时特征值为 $\lambda_1=a\mathrm{i},\lambda_2=-a\mathrm{i}$,对应的特征向量为 $\boldsymbol{\beta}_1=\begin{pmatrix}1\\ \mathrm{i}\end{pmatrix},\boldsymbol{\beta}_2=\begin{pmatrix}1\\ -\mathrm{i}\end{pmatrix}$.

(3) 解　令 $|\boldsymbol{A}-\lambda\boldsymbol{E}|=0$,得

$$\begin{vmatrix}1-\lambda & 2 & 3\\ 2 & 1-\lambda & 3\\ 3 & 3 & 6-\lambda\end{vmatrix}\overset{r_2-r_1}{=\!=\!=}\begin{vmatrix}1-\lambda & 2 & 3\\ \lambda+1 & -1-\lambda & 0\\ 3 & 3 & 6-\lambda\end{vmatrix}\overset{c_1+c_2}{=\!=\!=}\begin{vmatrix}3-\lambda & 2 & 3\\ 0 & -1-\lambda & 0\\ 6 & 3 & 6-\lambda\end{vmatrix}$$

$$=(-1-\lambda)(\lambda^2-9\lambda)=-\lambda(\lambda+1)(\lambda-9)=0,$$

即 $\lambda_1=0,\lambda_2=-1,\lambda_3=9$.

① 当 $\lambda_1=0$ 时,求 $\boldsymbol{A}\boldsymbol{x}=\boldsymbol{0}$ 的基础解系.

$$\boldsymbol{A}=\begin{pmatrix}1 & 2 & 3\\ 2 & 1 & 3\\ 3 & 3 & 6\end{pmatrix}\xrightarrow[r_3-r_2-r_1]{r_2-2r_1}\begin{pmatrix}1 & 2 & 3\\ 0 & -3 & -3\\ 0 & 0 & 0\end{pmatrix}\xrightarrow{r_2\times\left(-\frac{1}{3}\right)}\begin{pmatrix}1 & 2 & 3\\ 0 & 1 & 1\\ 0 & 0 & 0\end{pmatrix},$$

得 $\boldsymbol{\alpha}_1=\begin{pmatrix}-1\\ -1\\ 1\end{pmatrix}$.

② 当 $\lambda_2=-1$ 时,求 $(\boldsymbol{A}+\boldsymbol{E})\boldsymbol{x}=\boldsymbol{0}$ 的基础解系.

$$\boldsymbol{A}+\boldsymbol{E}=\begin{pmatrix}2 & 2 & 3\\ 2 & 2 & 3\\ 3 & 3 & 7\end{pmatrix}\xrightarrow[r_1\times\frac{1}{2}]{r_2-r_1}\begin{pmatrix}1 & 1 & \frac{3}{2}\\ 0 & 0 & 0\\ 3 & 3 & 7\end{pmatrix}\xrightarrow[r_3\leftrightarrow r_2]{r_3-3r_1}\begin{pmatrix}1 & 1 & \frac{3}{2}\\ 0 & 0 & \frac{5}{2}\\ 0 & 0 & 0\end{pmatrix},$$

得 $\boldsymbol{\alpha}_2=\begin{pmatrix}1\\ -1\\ 0\end{pmatrix}$.

③ 当 $\lambda_3=9$ 时,求 $(\boldsymbol{A}-9\boldsymbol{E})\boldsymbol{x}=\boldsymbol{0}$ 的基础解系.

$$\boldsymbol{A}-9\boldsymbol{E}=\begin{pmatrix}-8 & 2 & 3\\ 2 & -8 & 3\\ 3 & 3 & -3\end{pmatrix}\xrightarrow[\substack{r_1\times(-1)\\ r_2\times(-1)}]{r_2+r_1}\begin{pmatrix}8 & -2 & -3\\ 6 & 6 & -6\\ 3 & 3 & -3\end{pmatrix}$$

$$\xrightarrow[r_2\times\frac{1}{6}]{r_3-\frac{1}{2}r_2}\begin{pmatrix}8 & -2 & -3\\ 1 & 1 & -1\\ 0 & 0 & 0\end{pmatrix}\xrightarrow[\substack{r_1\leftrightarrow r_2\\ r_2\times\left(-\frac{1}{5}\right)}]{r_1-8r_2}\begin{pmatrix}1 & 1 & -1\\ 0 & 2 & -1\\ 0 & 0 & 0\end{pmatrix},$$

得 $\boldsymbol{\alpha}_3=\begin{pmatrix}1\\1\\2\end{pmatrix}$.

故得特征值为 $\lambda_1=0,\lambda_2=-1,\lambda_3=9$,对应的特征向量为 $\boldsymbol{\alpha}_1=\begin{pmatrix}-1\\-1\\1\end{pmatrix},\boldsymbol{\alpha}_2=\begin{pmatrix}1\\-1\\0\end{pmatrix}$,

$\boldsymbol{\alpha}_3=\begin{pmatrix}1\\1\\2\end{pmatrix}$.

(4) 解　令 $|\boldsymbol{A}-\lambda\boldsymbol{E}|=0$,得

$$\begin{aligned}|\boldsymbol{A}-\lambda\boldsymbol{E}|&=\begin{vmatrix}2-\lambda&-2&0\\-2&1-\lambda&-2\\0&-2&-\lambda\end{vmatrix}\\&=(2-\lambda)\begin{vmatrix}1-\lambda&-2\\-2&-\lambda\end{vmatrix}+(-1)^{1+2}(-2)\begin{vmatrix}-2&-2\\0&-\lambda\end{vmatrix}\\&=(2-\lambda)(1-\lambda)(-\lambda)-4(2-\lambda)+4\lambda\\&=(2-\lambda)(1-\lambda)(-\lambda)-8(1-\lambda)\\&=(1-\lambda)[\lambda(\lambda-2)-8]\\&=(1-\lambda)(\lambda+2)(\lambda-4)=0,\end{aligned}$$

得 $\lambda_1=1,\lambda_2=-2,\lambda_3=4$.

① 当 $\lambda_1=1$ 时,求 $(\boldsymbol{A}-\boldsymbol{E})\boldsymbol{x}=\boldsymbol{0}$ 的基础解系.

$$\boldsymbol{A}-\boldsymbol{E}=\begin{pmatrix}1&-2&0\\-2&0&-2\\0&-2&-1\end{pmatrix}\xrightarrow{r_2+2r_1}\begin{pmatrix}1&-2&0\\0&-4&-2\\0&-2&-1\end{pmatrix}\xrightarrow[r_2\leftrightarrow r_3]{r_2-2r_3}\begin{pmatrix}1&-2&0\\0&-2&-1\\0&0&0\end{pmatrix},$$

得 $\boldsymbol{\alpha}_1=\begin{pmatrix}-2\\-1\\2\end{pmatrix}$.

② 当 $\lambda_2=-2$ 时,求 $(\boldsymbol{A}+2\boldsymbol{E})\boldsymbol{x}=\boldsymbol{0}$ 的基础解系.

$$\boldsymbol{A}+2\boldsymbol{E}=\begin{pmatrix}4&-2&0\\-2&3&-2\\0&-2&2\end{pmatrix}\xrightarrow{r_1+2r_2}\begin{pmatrix}0&4&-4\\-2&3&-2\\0&-2&2\end{pmatrix}$$

$$\xrightarrow[r_3\times\left(-\frac{1}{2}\right)]{r_1+2r_3}\begin{pmatrix}0&0&0\\-2&3&-2\\0&1&-1\end{pmatrix}\xrightarrow[r_2\leftrightarrow r_3]{r_1\leftrightarrow r_2}\begin{pmatrix}-2&3&-2\\0&1&-1\\0&0&0\end{pmatrix},$$

得 $\boldsymbol{\alpha}_2=\begin{pmatrix}1\\2\\2\end{pmatrix}$.

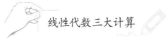

③ 当 $\lambda_3=4$ 时，求 $(\boldsymbol{A}-4\boldsymbol{E})\boldsymbol{x}=\boldsymbol{0}$ 的基础解系.

$$\boldsymbol{A}-4\boldsymbol{E}=\begin{pmatrix}-2&-2&0\\-2&-3&-2\\0&-2&-4\end{pmatrix}\xrightarrow{r_2-r_1}\begin{pmatrix}-2&-2&0\\0&-1&-2\\0&-2&-4\end{pmatrix}\xrightarrow[r_1\times\left(-\frac{1}{2}\right)]{r_3-2r_2}\begin{pmatrix}1&1&0\\0&-1&-2\\0&0&0\end{pmatrix},$$

得 $\boldsymbol{\alpha}_3=\begin{pmatrix}2\\-2\\1\end{pmatrix}$.

故特征值为 $\lambda_1=1,\lambda_2=-2,\lambda_3=4$，对应的特征向量为 $\boldsymbol{\alpha}_1=\begin{pmatrix}-2\\-1\\2\end{pmatrix},\boldsymbol{\alpha}_2=\begin{pmatrix}1\\2\\2\end{pmatrix}$,

$\boldsymbol{\alpha}_3=\begin{pmatrix}2\\-2\\1\end{pmatrix}$.

(5) 解　令 $|\boldsymbol{A}-\lambda\boldsymbol{E}|=0$，得

$$|\boldsymbol{A}-\lambda\boldsymbol{E}|=\begin{vmatrix}2-\lambda&2&-2\\2&5-\lambda&-4\\-2&-4&5-\lambda\end{vmatrix}\xlongequal{c_3+c_2}\begin{vmatrix}2-\lambda&2&0\\2&5-\lambda&1-\lambda\\-2&-4&1-\lambda\end{vmatrix}$$

$$\xlongequal{r_2-r_3}\begin{vmatrix}2-\lambda&2&0\\4&9-\lambda&0\\-2&-4&1-\lambda\end{vmatrix}=(1-\lambda)(\lambda^2-11\lambda+10)$$

$$=-(\lambda-1)(\lambda-1)(\lambda-10)=0,$$

得 $\lambda_1=\lambda_2=1$（二重根），$\lambda_3=10$.

① 当 $\lambda_1=\lambda_2=1$ 时，求 $(\boldsymbol{A}-\boldsymbol{E})\boldsymbol{x}=\boldsymbol{0}$ 的基础解系.

$$\boldsymbol{A}-\boldsymbol{E}=\begin{pmatrix}1&2&-2\\2&4&-4\\-2&-4&4\end{pmatrix}\xrightarrow[r_3+2r_1]{r_2-2r_1}\begin{pmatrix}1&2&-2\\0&0&0\\0&0&0\end{pmatrix},$$

得 $\boldsymbol{\alpha}_1=\begin{pmatrix}-2\\1\\0\end{pmatrix},\boldsymbol{\alpha}_2=\begin{pmatrix}2\\0\\1\end{pmatrix}$.

② 当 $\lambda_3=10$ 时，求 $(\boldsymbol{A}-10\boldsymbol{E})\boldsymbol{x}=\boldsymbol{0}$ 的基础解系.

$$\boldsymbol{A}-10\boldsymbol{E}=\begin{pmatrix}-8&2&-2\\2&-5&-4\\-2&-4&-5\end{pmatrix}\xrightarrow[r_3\times\left(-\frac{1}{9}\right)]{r_3+r_2}\begin{pmatrix}-8&2&-2\\2&-5&-4\\0&1&1\end{pmatrix}$$

$$\xrightarrow{r_1+4r_2}\begin{pmatrix}0&-18&-18\\2&-5&-4\\0&1&1\end{pmatrix}\xrightarrow{r_1+18r_3}\begin{pmatrix}0&0&0\\2&-5&-4\\0&1&1\end{pmatrix}\xrightarrow[r_2\leftrightarrow r_3]{r_1\leftrightarrow r_2}\begin{pmatrix}2&-5&-4\\0&1&1\\0&0&0\end{pmatrix},$$

得 $\boldsymbol{\alpha}_3=\begin{pmatrix}-1\\-2\\2\end{pmatrix}$.

故特征值为 $\lambda_1=\lambda_2=1,\lambda_3=10$，对应的特征向量为 $\boldsymbol{\alpha}_1=\begin{pmatrix}-2\\1\\0\end{pmatrix}$，$\boldsymbol{\alpha}_2=\begin{pmatrix}2\\0\\1\end{pmatrix}$，$\boldsymbol{\alpha}_3=\begin{pmatrix}-1\\-2\\2\end{pmatrix}$.

(6) 解　令 $|\boldsymbol{A}-\lambda\boldsymbol{E}|=0$，得

$$
\begin{aligned}
|\boldsymbol{A}-\lambda\boldsymbol{E}|&=\begin{vmatrix}-1-\lambda & 1 & 0\\ -4 & 3-\lambda & 0\\ 1 & 0 & 2-\lambda\end{vmatrix}\\
&=(2-\lambda)[(-1-\lambda)(3-\lambda)+4]\\
&=(2-\lambda)(\lambda-1)^2=0,
\end{aligned}
$$

得 $\lambda_1=\lambda_2=1$(二重根)，$\lambda_3=2$.

① 当 $\lambda_1=\lambda_2=1$ 时，求 $(\boldsymbol{A}-\boldsymbol{E})\boldsymbol{x}=\boldsymbol{0}$ 的基础解系.

$$
\boldsymbol{A}-\boldsymbol{E}=\begin{pmatrix}-2 & 1 & 0\\ -4 & 2 & 0\\ 1 & 0 & 1\end{pmatrix}\xrightarrow{r_2-2r_1}\begin{pmatrix}-2 & 1 & 0\\ 0 & 0 & 0\\ 1 & 0 & 1\end{pmatrix}\xrightarrow{r_1+2r_3}\begin{pmatrix}0 & 1 & 2\\ 0 & 0 & 0\\ 1 & 0 & 1\end{pmatrix}\xrightarrow[r_2\leftrightarrow r_3]{r_1\leftrightarrow r_3}\begin{pmatrix}1 & 0 & 1\\ 0 & 1 & 2\\ 0 & 0 & 0\end{pmatrix},
$$

得 $\boldsymbol{\alpha}_1=\begin{pmatrix}-1\\-2\\1\end{pmatrix}$.

② 当 $\lambda_3=2$ 时，求 $(\boldsymbol{A}-2\boldsymbol{E})\boldsymbol{x}=\boldsymbol{0}$ 的基础解系.

$$
\boldsymbol{A}-2\boldsymbol{E}=\begin{pmatrix}-3 & 1 & 0\\ -4 & 1 & 0\\ 1 & 0 & 0\end{pmatrix}\xrightarrow[r_2+4r_1]{r_1+3r_3}\begin{pmatrix}0 & 1 & 0\\ 0 & 1 & 0\\ 1 & 0 & 0\end{pmatrix}\xrightarrow[r_1\leftrightarrow r_3]{r_1-r_2}\begin{pmatrix}1 & 0 & 0\\ 0 & 1 & 0\\ 0 & 0 & 0\end{pmatrix},
$$

得 $\boldsymbol{\alpha}_2=\begin{pmatrix}0\\0\\1\end{pmatrix}$.

故特征值为 $\lambda_1=\lambda_2=1,\lambda_3=2$，对应的特征向量为 $\boldsymbol{\alpha}_1=\begin{pmatrix}-1\\-2\\1\end{pmatrix}$，$\boldsymbol{\alpha}_2=\begin{pmatrix}0\\0\\1\end{pmatrix}$.

注　同学们可以将该题与题(5)对比分析，思考为什么同为二重根，它们对应的特征向量个数不同？这说明什么问题？同学们可以自己试着思考下，在以后的课程中，我们将进一步分析该问题.

(7) 解　令$|A-\lambda E|=0$,得

$$|A-\lambda E|=\begin{vmatrix}2-\lambda & -1 & 2\\ 5 & -3-\lambda & 3\\ -1 & 0 & -2-\lambda\end{vmatrix}$$

$$=(-1)\begin{vmatrix}-1 & 2\\ -3-\lambda & 3\end{vmatrix}+(-2-\lambda)\begin{vmatrix}2-\lambda & -1\\ 5 & -3-\lambda\end{vmatrix}$$

$$=-(\lambda^3+3\lambda^2+3\lambda+1)=-(\lambda+1)^3=0,$$

得$\lambda_1=\lambda_2=\lambda_3=-1$(三重根).

当$\lambda_1=\lambda_2=\lambda_3=-1$时,求$(A+E)x=0$的基础解系.

$$A+E=\begin{pmatrix}3 & -1 & 2\\ 5 & -2 & 3\\ -1 & 0 & -1\end{pmatrix}\xrightarrow[r_2+5r_3]{r_1+3r_3}\begin{pmatrix}0 & -1 & -1\\ 0 & -2 & -2\\ -1 & 0 & -1\end{pmatrix}$$

$$\xrightarrow[r_1\leftrightarrow r_3]{r_2-2r_1}\begin{pmatrix}-1 & 0 & -1\\ 0 & 0 & 0\\ 0 & -1 & -1\end{pmatrix}\xrightarrow[r_3\times(-1)]{r_1\times(-1)}\begin{pmatrix}1 & 0 & 1\\ 0 & 0 & 0\\ 0 & 1 & 1\end{pmatrix}$$

$$\xrightarrow{r_2\leftrightarrow r_3}\begin{pmatrix}1 & 0 & 1\\ 0 & 1 & 1\\ 0 & 0 & 0\end{pmatrix},$$

得$\boldsymbol{\alpha}_1=\begin{pmatrix}1\\ 1\\ -1\end{pmatrix}$.

故特征值为$\lambda_1=\lambda_2=\lambda_3=-1$,对应的特征向量为$\boldsymbol{\alpha}_1=\begin{pmatrix}1\\ 1\\ -1\end{pmatrix}$.

(8) 解　令$|A-\lambda E|=0$,得

$$|A-\lambda E|=\begin{vmatrix}5-\lambda & 6 & -3\\ -1 & -\lambda & 1\\ 1 & 2 & 1-\lambda\end{vmatrix}\xlongequal{r_2+r_3}\begin{vmatrix}5-\lambda & 6 & -3\\ 0 & -\lambda+2 & 2-\lambda\\ 1 & 2 & 1-\lambda\end{vmatrix}$$

$$\xlongequal{c_3-c_2}\begin{vmatrix}5-\lambda & 6 & -9\\ 0 & 2-\lambda & 0\\ 1 & 2 & -1-\lambda\end{vmatrix}=(2-\lambda)\begin{vmatrix}5-\lambda & -9\\ 1 & -1-\lambda\end{vmatrix}$$

$$=(2-\lambda)[(5-\lambda)(-1-\lambda)+9]=-(\lambda-2)^3=0,$$

得$\lambda_1=\lambda_2=\lambda_3=2$(三重根).

当$\lambda_1=\lambda_2=\lambda_3=2$时,求$(A-2E)x=0$的基础解系.

$$A-2E=\begin{pmatrix}3 & 6 & -3\\ -1 & -2 & 1\\ 1 & 2 & -1\end{pmatrix}\xrightarrow[r_3+r_2]{r_1+3r_2}\begin{pmatrix}0 & 0 & 0\\ -1 & -2 & 1\\ 0 & 0 & 0\end{pmatrix}\xrightarrow[r_1\leftrightarrow r_2]{r_2\times(-1)}\begin{pmatrix}1 & 2 & -1\\ 0 & 0 & 0\\ 0 & 0 & 0\end{pmatrix},$$

得 $\boldsymbol{\alpha}_1=\begin{pmatrix}-2\\1\\0\end{pmatrix},\boldsymbol{\alpha}_2=\begin{pmatrix}1\\0\\1\end{pmatrix}$.

故特征值为 $\lambda_1=\lambda_2=\lambda_3=2$,对应的特征向量为 $\boldsymbol{\alpha}_1=\begin{pmatrix}-2\\1\\0\end{pmatrix},\boldsymbol{\alpha}_2=\begin{pmatrix}1\\0\\1\end{pmatrix}$.

(9) 解　令 $|\boldsymbol{A}-\lambda\boldsymbol{E}|=0$,得

$$|\boldsymbol{A}-\lambda\boldsymbol{E}|=\begin{vmatrix}-\lambda&0&0&1\\0&-\lambda&1&0\\0&1&-\lambda&0\\1&0&0&-\lambda\end{vmatrix}\xlongequal[r_3+r_2]{r_4+r_1}\begin{vmatrix}-\lambda&0&0&1\\0&-\lambda&1&0\\0&1-\lambda&1-\lambda&0\\1-\lambda&0&0&1-\lambda\end{vmatrix}$$

$$\xlongequal[c_2-c_3]{c_1-c_4}\begin{vmatrix}-1-\lambda&0&0&1\\0&-1-\lambda&1&0\\0&0&1-\lambda&0\\0&0&0&1-\lambda\end{vmatrix}=(\lambda+1)^2(\lambda-1)^2=0,$$

得 $\lambda_1=\lambda_2=1,\lambda_3=\lambda_4=-1$.

① 当 $\lambda_1=\lambda_2=1$ 时,求 $(\boldsymbol{A}-\boldsymbol{E})\boldsymbol{x}=\boldsymbol{0}$ 的基础解系.

$$\boldsymbol{A}-\boldsymbol{E}=\begin{pmatrix}-1&0&0&1\\0&-1&1&0\\0&1&-1&0\\1&0&0&-1\end{pmatrix}\xrightarrow[r_3+r_2]{r_4+r_1}\begin{pmatrix}-1&0&0&1\\0&-1&1&0\\0&0&0&0\\0&0&0&0\end{pmatrix},$$

得 $\boldsymbol{\alpha}_1=\begin{pmatrix}1\\0\\0\\1\end{pmatrix},\boldsymbol{\alpha}_2=\begin{pmatrix}0\\1\\1\\0\end{pmatrix}$.

② 当 $\lambda_3=\lambda_4=-1$ 时,求 $(\boldsymbol{A}+\boldsymbol{E})\boldsymbol{x}=\boldsymbol{0}$ 的基础解系.

$$\boldsymbol{A}+\boldsymbol{E}=\begin{pmatrix}1&0&0&1\\0&1&1&0\\0&1&1&0\\1&0&0&1\end{pmatrix}\xrightarrow[r_3-r_2]{r_4-r_1}\begin{pmatrix}1&0&0&1\\0&1&1&0\\0&0&0&0\\0&0&0&0\end{pmatrix},$$

得 $\boldsymbol{\alpha}_3=\begin{pmatrix}-1\\0\\0\\1\end{pmatrix},\boldsymbol{\alpha}_4=\begin{pmatrix}0\\-1\\1\\0\end{pmatrix}$.

故特征值为 $\lambda_1=\lambda_2=1,\lambda_3=\lambda_4=-1$,对应的特征向量为 $\boldsymbol{\alpha}_1=\begin{pmatrix}1\\0\\0\\1\end{pmatrix},\boldsymbol{\alpha}_2=\begin{pmatrix}0\\1\\1\\0\end{pmatrix},\boldsymbol{\alpha}_3=$

$\begin{pmatrix}-1\\0\\0\\1\end{pmatrix},\boldsymbol{\alpha}_4=\begin{pmatrix}0\\-1\\1\\0\end{pmatrix}$.

(10) 解　令$|\boldsymbol{A}-\lambda\boldsymbol{E}|=0$,得

$$|\boldsymbol{A}-\lambda\boldsymbol{E}|=\begin{vmatrix}1-\lambda&1&1&1\\1&1-\lambda&-1&-1\\1&-1&1-\lambda&-1\\1&-1&-1&1-\lambda\end{vmatrix}\xlongequal{r_1\leftrightarrow r_4}\begin{vmatrix}1&-1&-1&1-\lambda\\1&1-\lambda&-1&-1\\1&-1&1-\lambda&-1\\1-\lambda&1&1&1\end{vmatrix}$$

$$\xlongequal[\substack{r_3-r_1\\r_4-r_1}]{r_2-r_1}\begin{vmatrix}1&-1&-1&1-\lambda\\0&2-\lambda&0&\lambda-2\\0&0&2-\lambda&\lambda-2\\-\lambda&2&2&\lambda\end{vmatrix}\xlongequal{c_1+c_4}\begin{vmatrix}2-\lambda&-1&-1&1-\lambda\\\lambda-2&2-\lambda&0&\lambda-2\\\lambda-2&0&2-\lambda&\lambda-2\\0&2&2&\lambda\end{vmatrix}$$

$$\xlongequal[r_3+r_1]{r_2+r_1}\begin{vmatrix}2-\lambda&-1&-1&1-\lambda\\0&1-\lambda&-1&-1\\0&-1&1-\lambda&-1\\0&2&2&\lambda\end{vmatrix}=(2-\lambda)\begin{vmatrix}1-\lambda&-1&-1\\-1&1-\lambda&-1\\2&2&\lambda\end{vmatrix}$$

$$\xlongequal{r_1+r_2}(2-\lambda)\begin{vmatrix}-\lambda&-\lambda&-2\\-1&1-\lambda&-1\\2&2&\lambda\end{vmatrix}$$

$$\xlongequal{r_1+\frac{\lambda}{2}r_3}(2-\lambda)\begin{vmatrix}0&0&-2+\frac{1}{2}\lambda^2\\-1&1-\lambda&-1\\2&2&\lambda\end{vmatrix}$$

$$=(2-\lambda)\left[\left(\frac{1}{2}\lambda^2-2\right)(-2-2+2\lambda)\right]$$

$$=(2-\lambda)(\lambda^2-4)(\lambda-2)=0,$$

得$\lambda_1=\lambda_2=\lambda_3=2,\lambda_4=-2$.

① 当$\lambda_1=\lambda_2=\lambda_3=2$时,求$(\boldsymbol{A}-2\boldsymbol{E})\boldsymbol{x}=\boldsymbol{0}$的基础解系.

$$\boldsymbol{A}-2\boldsymbol{E}=\begin{pmatrix}-1&1&1&1\\1&-1&-1&-1\\1&-1&-1&-1\\1&-1&-1&-1\end{pmatrix}\xrightarrow[\substack{r_3+r_1\\r_4+r_1}]{r_2+r_1}\begin{pmatrix}-1&1&1&1\\0&0&0&0\\0&0&0&0\\0&0&0&0\end{pmatrix},$$

得$\boldsymbol{\alpha}_1=\begin{pmatrix}1\\1\\0\\0\end{pmatrix},\boldsymbol{\alpha}_2=\begin{pmatrix}1\\0\\1\\0\end{pmatrix},\boldsymbol{\alpha}_3=\begin{pmatrix}1\\0\\0\\1\end{pmatrix}$.

② 当 $\lambda_4=-2$ 时,求 $(\boldsymbol{A}+2\boldsymbol{E})\boldsymbol{x}=\boldsymbol{0}$ 的基础解系.

$$\boldsymbol{A}+2\boldsymbol{E}=\begin{pmatrix}3&1&1&1\\1&3&-1&-1\\1&-1&3&-1\\1&-1&-1&3\end{pmatrix}\xrightarrow{r_1\leftrightarrow r_4}\begin{pmatrix}1&-1&-1&3\\1&3&-1&-1\\1&-1&3&-1\\3&1&1&1\end{pmatrix}$$

$$\xrightarrow[\substack{r_3-r_1\\r_4-3r_1}]{r_2-r_1}\begin{pmatrix}1&-1&-1&3\\0&4&0&-4\\0&0&4&-4\\0&4&4&-8\end{pmatrix}\xrightarrow[r_4-r_3]{r_4-r_2}\begin{pmatrix}1&-1&-1&3\\0&4&0&-4\\0&0&4&-4\\0&0&0&0\end{pmatrix}$$

$$\xrightarrow[r_3\times\frac{1}{4}]{r_2\times\frac{1}{4}}\begin{pmatrix}1&-1&-1&3\\0&1&0&-1\\0&0&1&-1\\0&0&0&0\end{pmatrix},$$

得 $\boldsymbol{\alpha}_4=\begin{pmatrix}-1\\1\\1\\1\end{pmatrix}$.

故特征值为 $\lambda_1=\lambda_2=\lambda_3=2,\lambda_4=-2$,对应的特征向量为 $\boldsymbol{\alpha}_1=\begin{pmatrix}1\\1\\0\\0\end{pmatrix},\boldsymbol{\alpha}_2=\begin{pmatrix}1\\0\\1\\0\end{pmatrix},\boldsymbol{\alpha}_3=\begin{pmatrix}1\\0\\0\\1\end{pmatrix},\boldsymbol{\alpha}_4=\begin{pmatrix}-1\\1\\1\\1\end{pmatrix}$.

强化训练

1 解　由于 $\boldsymbol{\alpha}_1$ 为 $\boldsymbol{A}$ 的特征向量,则 $\boldsymbol{A}\boldsymbol{\alpha}_1=\lambda\boldsymbol{\alpha}_1$,即

$$\begin{pmatrix}2&-1&2\\5&a&3\\-1&b&-2\end{pmatrix}\begin{pmatrix}1\\1\\-1\end{pmatrix}=\lambda\begin{pmatrix}1\\1\\-1\end{pmatrix}.$$

由等式可得

$$\begin{cases}\lambda=-1,\\5+a-3=\lambda,\\-1+b+2=-\lambda,\end{cases}\quad 即\begin{cases}\lambda=-1,\\a=-3,\\b=0.\end{cases}$$

所以 $$\boldsymbol{A}=\begin{pmatrix}2&-1&2\\5&-3&3\\-1&0&-2\end{pmatrix}.$$

令 $|\boldsymbol{A}-\lambda\boldsymbol{E}|=0$，得

$$\begin{vmatrix}2-\lambda&-1&2\\5&-\lambda-3&3\\-1&0&-\lambda-2\end{vmatrix}=-(\lambda+1)^3=0.$$

注　该题求特征向量过程与基础训练第(7)题是一样的，故此省略该过程.

故得特征值 $\lambda_1=\lambda_2=\lambda_3=-1$，对应的特征向量为 $\boldsymbol{\alpha}_1=\begin{pmatrix}1\\1\\-1\end{pmatrix}$.

2 解　由题可知，$\boldsymbol{A}^*\boldsymbol{\alpha}=\lambda_0\boldsymbol{\alpha}$，两边左乘 $\boldsymbol{A}$，得

$$\boldsymbol{A}\boldsymbol{A}^*\boldsymbol{\alpha}=|\boldsymbol{A}|\boldsymbol{\alpha}=\lambda_0\boldsymbol{A}\boldsymbol{\alpha},$$

即 $\lambda_0\boldsymbol{A}\boldsymbol{\alpha}=-\boldsymbol{\alpha}$（已知 $|\boldsymbol{A}|=-1$），故

$$\lambda_0\begin{pmatrix}a&-1&c\\5&b&3\\1-c&0&-a\end{pmatrix}\begin{pmatrix}-1\\-1\\1\end{pmatrix}=(-1)\begin{pmatrix}-1\\-1\\1\end{pmatrix}.$$

从而有 $$\begin{cases}\lambda_0(-a+1+c)=1, & ①\\ \lambda_0(-5-b+3)=1, & ②\\ \lambda_0(c-1-a)=-1. & ③\end{cases}$$

由 $|\boldsymbol{A}|=-1$，知 $\lambda_0\neq0$，又由式①与式③可得 $a=c$，再代入式①得 $\lambda_0=1$，代入式②得 $b=-3$.又由 $a=c,b=-3$，且 $|\boldsymbol{A}|=-1$，知

$$|\boldsymbol{A}|=\begin{vmatrix}a&-1&a\\5&-3&3\\1-a&0&-a\end{vmatrix}=a-3=-1.$$

故 $a=2$，从而有 $a=c=2,b=-3,\lambda_0=1$.

3 解　由题意可知

$$\boldsymbol{A}=\begin{pmatrix}1&2&3&\cdots&n\\2&4&6&\cdots&2n\\\vdots&\vdots&\vdots&&\vdots\\n&2n&3n&\cdots&n^2\end{pmatrix}=\begin{pmatrix}1\\2\\3\\\vdots\\n\end{pmatrix}(1,2,\cdots,n).$$

令 $|\boldsymbol{A}-\lambda\boldsymbol{E}|=0$，得

$$|\boldsymbol{A}-\lambda\boldsymbol{E}|=\begin{vmatrix}1-\lambda & 2 & 3 & \cdots & n\\ 2 & 4-\lambda & 6 & \cdots & 2n\\ 3 & 6 & 9-\lambda & \cdots & 3n\\ \vdots & \vdots & \vdots & \ddots & \vdots\\ n & 2n & 3n & \cdots & n^2-\lambda\end{vmatrix}$$

$$\overset{\substack{r_2-2r_1\\ r_3-3r_1\\ \vdots\\ r_n-nr_1}}{=\!=\!=}\begin{vmatrix}1-\lambda & 2 & 3 & \cdots & n\\ 2\lambda & -\lambda & 0 & \cdots & 0\\ 3\lambda & 0 & -\lambda & \cdots & 0\\ \vdots & \vdots & \vdots & \ddots & \vdots\\ n\lambda & 0 & 0 & \cdots & -\lambda\end{vmatrix}$$

$$\overset{\substack{c_1+2c_2\\ c_1+3c_3\\ \vdots\\ c_1+nc_n}}{=\!=\!=}\begin{vmatrix}\sum\limits_{i=1}^{n}i^2-\lambda & 2 & 3 & \cdots & n\\ 0 & -\lambda & 0 & \cdots & 0\\ 0 & 0 & -\lambda & \cdots & 0\\ \vdots & \vdots & \vdots & \ddots & \vdots\\ 0 & 0 & 0 & \cdots & -\lambda\end{vmatrix}$$

$$=(-1)^n\left(\lambda-\sum_{i=1}^{n}i^2\right)\lambda^{n-1}=0,$$

得 $\lambda_1=\lambda_2=\cdots=\lambda_{n-1}=0,\lambda_n=\sum\limits_{i=1}^{n}i^2$.

① 当 $\lambda_1=\lambda_2=\cdots=\lambda_{n-1}=0$ 时，求 $\boldsymbol{Ax}=\boldsymbol{0}$ 的基础解系.

$$\boldsymbol{A}=\begin{pmatrix}1 & 2 & 3 & \cdots & n\\ 2 & 4 & 6 & \cdots & 2n\\ \vdots & \vdots & \vdots & & \vdots\\ n & 2n & 3n & \cdots & n^2\end{pmatrix}\xrightarrow{\substack{r_2-2r_1\\ r_3-3r_1\\ \vdots\\ r_n-nr_1}}\begin{pmatrix}1 & 2 & 3 & \cdots & n\\ 0 & 0 & 0 & \cdots & 0\\ \vdots & \vdots & \vdots & & \vdots\\ 0 & 0 & 0 & \cdots & 0\end{pmatrix},$$

得 $\boldsymbol{\alpha}_1=\begin{pmatrix}-2\\ 1\\ 0\\ \vdots\\ 0\end{pmatrix},\boldsymbol{\alpha}_2=\begin{pmatrix}-3\\ 0\\ 1\\ \vdots\\ 0\end{pmatrix},\cdots,\boldsymbol{\alpha}_{n-1}=\begin{pmatrix}-n\\ 0\\ 0\\ \vdots\\ 1\end{pmatrix}$.

② 不妨设 $\boldsymbol{\alpha}^{\mathrm{T}}=(1,2,\cdots,n)$，当 $\lambda_n=\sum\limits_{i=1}^{n}i^2=\boldsymbol{\alpha}^{\mathrm{T}}\boldsymbol{\alpha}$ 时，由 $\boldsymbol{A\varepsilon}=\lambda_n\boldsymbol{\varepsilon}$ 知

$$\boldsymbol{\alpha\alpha}^{\mathrm{T}}\boldsymbol{\varepsilon}=\boldsymbol{\alpha}^{\mathrm{T}}\boldsymbol{\alpha\varepsilon}.$$

由于 $\boldsymbol{\alpha}^{\mathrm{T}}\boldsymbol{\alpha}=\sum\limits_{i=1}^{n}i^2=\lambda_n$ （λ_n 为常数），不难发现，当 $\boldsymbol{\varepsilon}=\boldsymbol{\alpha}$ 时等式成立，即

$$\boldsymbol{\alpha}(\boldsymbol{\alpha}^{\mathrm{T}}\boldsymbol{\alpha})=(\boldsymbol{\alpha}^{\mathrm{T}}\boldsymbol{\alpha})\boldsymbol{\alpha}\Rightarrow\boldsymbol{A\alpha}=\lambda_n\boldsymbol{\alpha}.$$

故此时特征向量为 $\boldsymbol{\alpha}=\begin{pmatrix}1\\2\\3\\\vdots\\n\end{pmatrix}$.

4 证　令 $\boldsymbol{A}_{3\times3}=\begin{pmatrix}a_{11}&a_{12}&a_{13}\\a_{21}&a_{22}&a_{23}\\a_{31}&a_{32}&a_{33}\end{pmatrix}$.

由 $|\boldsymbol{A}-\lambda\boldsymbol{E}|=(\lambda-\lambda_1)(\lambda-\lambda_2)(\lambda-\lambda_3)=0$ 知

$$|\boldsymbol{A}-\lambda\boldsymbol{E}|=\begin{vmatrix}a_{11}-\lambda&a_{12}&a_{13}\\a_{21}&a_{22}-\lambda&a_{23}\\a_{31}&a_{32}&a_{33}-\lambda\end{vmatrix}$$

$$\xlongequal{\text{按第一行拆分}}\begin{vmatrix}-\lambda&0&0\\a_{21}&a_{22}-\lambda&a_{23}\\a_{31}&a_{32}&a_{33}-\lambda\end{vmatrix}+\begin{vmatrix}a_{11}&a_{12}&a_{13}\\a_{21}&a_{22}-\lambda&a_{23}\\a_{31}&a_{32}&a_{33}-\lambda\end{vmatrix}$$

$$\xlongequal{\text{按第二行拆分}}\begin{vmatrix}-\lambda&0&0\\0&-\lambda&0\\a_{31}&a_{32}&a_{33}-\lambda\end{vmatrix}+\begin{vmatrix}-\lambda&0&0\\a_{21}&a_{22}&a_{23}\\a_{31}&a_{32}&a_{33}-\lambda\end{vmatrix}+$$

$$\begin{vmatrix}a_{11}&a_{12}&a_{13}\\0&-\lambda&0\\a_{31}&a_{32}&a_{33}-\lambda\end{vmatrix}+\begin{vmatrix}a_{11}&a_{12}&a_{13}\\a_{21}&a_{22}&a_{23}\\a_{31}&a_{32}&a_{33}-\lambda\end{vmatrix}$$

$$\xlongequal{\text{按第三行拆分}}\begin{vmatrix}-\lambda&0&0\\0&-\lambda&0\\0&0&-\lambda\end{vmatrix}+\begin{vmatrix}-\lambda&0&0\\0&-\lambda&0\\a_{31}&a_{32}&a_{33}\end{vmatrix}+$$

$$\begin{vmatrix}-\lambda&0&0\\a_{21}&a_{22}&a_{23}\\0&0&-\lambda\end{vmatrix}+\begin{vmatrix}-\lambda&0&0\\a_{21}&a_{22}&a_{23}\\a_{31}&a_{32}&a_{33}\end{vmatrix}+$$

$$\begin{vmatrix}a_{11}&a_{12}&a_{13}\\0&-\lambda&0\\0&0&-\lambda\end{vmatrix}+\begin{vmatrix}a_{11}&a_{12}&a_{13}\\0&-\lambda&0\\a_{31}&a_{32}&a_{33}\end{vmatrix}+$$

$$\begin{vmatrix}a_{11}&a_{12}&a_{13}\\a_{21}&a_{22}&a_{23}\\0&0&-\lambda\end{vmatrix}+\begin{vmatrix}a_{11}&a_{12}&a_{13}\\a_{21}&a_{22}&a_{23}\\a_{31}&a_{32}&a_{33}\end{vmatrix}$$

$$=-\lambda^3+a_{33}\lambda^2+a_{22}\lambda^2-\lambda\boldsymbol{A}_{11}+a_{11}\lambda^2-\lambda\boldsymbol{A}_{22}-\lambda\boldsymbol{A}_{33}+|\boldsymbol{A}|$$

$$=-\lambda^3+(a_{11}+a_{22}+a_{33})\lambda^2-(\boldsymbol{A}_{11}+\boldsymbol{A}_{22}+\boldsymbol{A}_{33})\lambda+|\boldsymbol{A}|=0,$$

即

$$\lambda^3-(a_{11}+a_{22}+a_{33})\lambda^2+(A_{11}+A_{22}+A_{33})\lambda-|A|=0, \qquad ①$$

又

$$(\lambda-\lambda_1)(\lambda-\lambda_2)(\lambda-\lambda_3)=\lambda^3-(\lambda_1+\lambda_2+\lambda_3)\lambda^2+(\lambda_1\lambda_2+\lambda_1\lambda_3+\lambda_2\lambda_3)\lambda-\lambda_1\lambda_2\lambda_3=0, \qquad ②$$

由①=②式可知

$$\begin{cases}\lambda_1+\lambda_2+\lambda_3=a_{11}+a_{22}+a_{33},\\ \lambda_1\lambda_2\lambda_3=|\boldsymbol{A}|.\end{cases}$$

故得证.

注　该结论为特征值的性质,可推广为:

设 $\boldsymbol{A}$ 为 n 阶方阵,$\boldsymbol{A}$ 的特征值为 $\lambda_1,\lambda_2,\cdots,\lambda_n$,则

① $\lambda_1+\lambda_2+\cdots+\lambda_n=\sum_{i=1}^{n}a_{ii}=\mathrm{tr}(\boldsymbol{A})$,称 $\mathrm{tr}(\boldsymbol{A})$ 为 $\boldsymbol{A}$ 的迹.

② $\lambda_1\lambda_2\cdots\lambda_n=|\boldsymbol{A}|$.

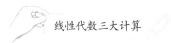